伝統の技を世界で売る方法

ローカル企業のグローバル・ニッチ戦略

西堀 耕太郎 著

学芸出版社

はじめに

私の経営する株式会社日吉屋は、江戸時代後期の創業以来、5代にわたり約160年以上続いてきた「京和傘」の老舗です。和傘とは、主に竹と和紙で作られる手工芸品で、昔は誰もが雨傘や日傘として使う日常生活品でした。和傘の誕生は古く奈良時代にさかのぼることができ、1千年以上の歴史を有します。

しかし、暮らしの西洋化にともない、洋傘やビニール傘、折りたたみ傘が台頭するにつれ、日常的に和傘を使う人はほぼ皆無となり、和傘は寺社仏閣や茶席、伝統芸能の舞台など、ごく限られた場でのみ使われる存在になってしまいました。そして、かつては京都市内だけでも200軒以上あったと言われる和傘屋のうち、現在でも和傘を制作しているのは日吉屋のみ。京都のほか岐阜、金沢、鳥取、徳島など全国の産地を見ても、和傘製造元は10軒あるかないかという、まさに風前の灯火のような状態です。

かくいう日吉屋も、一度は廃業寸前まで追い込まれた時期があります。最盛期には50人近くの職人を抱え、支店までも出していたのが、高度経済成長と反比例するように斜陽化が進み、私が日吉屋を知った20年前には、家族だけで細々と傘を作っているという状態でした。

老舗とは名ばかりで取引先もほとんどなく、洋傘や雑貨の仕入れ販売にトライするも決定打にはならず、最後は５００円のビニール傘まで売る始末。それでも年間売上は１００万円台にまで落ち込み、誰もが「もうダメだ」と匙を投げかけていたところに飛び込んだのが私でした。伝統工芸には全くのド素人で、会社経営の経験など皆無、さらに最終学歴は高卒、という田舎町出身の一公務員です。

公務員を続けながら日吉屋に通い、インターネット通販の仕組みを整えたり、自ら和傘づくりを学んでみたり、次第に日吉屋に深く関わるようになった私は、ついに２００３年、5代目として会社を継ぐことを決意します。インターネット通販が軌道に乗っていたおかげで、一時期のような低迷は脱していたものの、和傘だけの商いではいずれ頭打ちになることは目に見えていました。そんな中で紆余曲折を繰り返した末、日吉屋に活路を開いてくれたのは、和傘製造の技術を転用したデザイン照明「古都里―KOTORI―」でした。

和傘の骨組みの美しさ、和紙を通したやわらかい光など、その魅力を最大限に活かすべく、外部デザイナーやプロデューサーの協力を得て開発したこの商品は、２００７年にグッドデザイン賞特別賞（中小企業庁長官賞）を受賞。その後もフランスやドイツの展示会で注目を浴び、海外代理店と契約を結ぶなど、これまでとはまったく違う販路開拓に成功したのです。今では「古都里」をはじめとする日吉屋のデザイン照明は、世界約15ヶ国で販売されており、かつてわずか100万円台だった年商は、この10年間で製造部門の売上高は約50倍、グループ会社を含めた総額では約150倍に拡大しました。

和傘の老舗でありながら、デザイン照明で新規事業を開拓し続けるという姿勢。それを支えているのが、「伝統は革新の連続」という企業理念です。伝統技術をベースに、現代生活の中で使えるデザイン性の高い製品を生み出し、世界へ発信すること。それによって、結果的に私たちのルーツである和傘製造の技術も、死に絶えることなく生き永らえるのです。今では若い和傘職人を雇い養成しながら、次世代への技術継承も進んでいます。

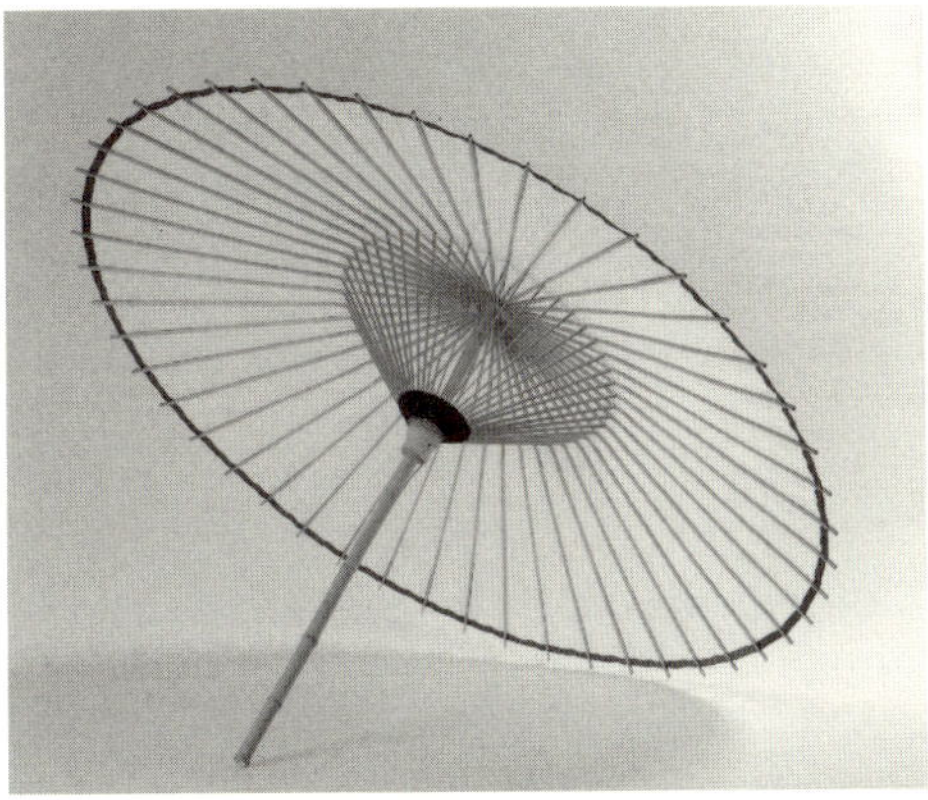

そうしていつしか「伝統の技を世界で売る」ことは、私のライフワークとなりました。日吉屋で培った製品開発のノウハウ、海外進出に欠かせない知識やネットワークを、幅広い分野の中小企業の支援に活かしたいと考えた私は、2012年にグループ会社TCI研究所を設立。国際色豊かなブレーンとともに、さまざまな海外進出支援プロジェクトを立ち上げて運営しており、現在支援先企業はのべ130社を超えています。

この本では、日吉屋がいかにして絶滅危惧種のような和傘からデザイン照明を開発し、海外事業を展開するに至ったのか、その独自手法をメソッド化したマーケティング理論「ネクスト・マーケットイン」をご紹介します。活路を模索するものづくり中小企業が、伝統のみに縛られることなく新規事業を立ち上げ、売上高数千万～1億円程度の事業に育てることができれば、そしてそのような新規事業が日本全国の数千社で具現化すれば、どれだけ経済活性化や文化の継承に貢献できることでしょう。世界をあっと言わせる技術を有する企業は、まだまだ数多くあるはずです。

私が日吉屋を継いだ時は、製品開発のノウハウも、お金も人脈も、何もない状態でした。ここに書いたことは、すべて私が過去15年の間に、試行錯誤を繰り返しながら実践してたどり着いた結論ばかりです。私にできたことは、必ずあなたにもできます。日吉屋が辿った失敗の歴史をショートカットすることができるなら、弊社の何倍もの成功を、弊社の半分の時間で達成することも十分可能でしょう。

この本が、あなたのヒントとなり、誇りある幸せな人生を送るきっかけになることを願っております。

日吉屋5代目当主　西堀耕太郎

もくじ

第6章 日吉屋メソッドは、どんな分野でも通用する……171

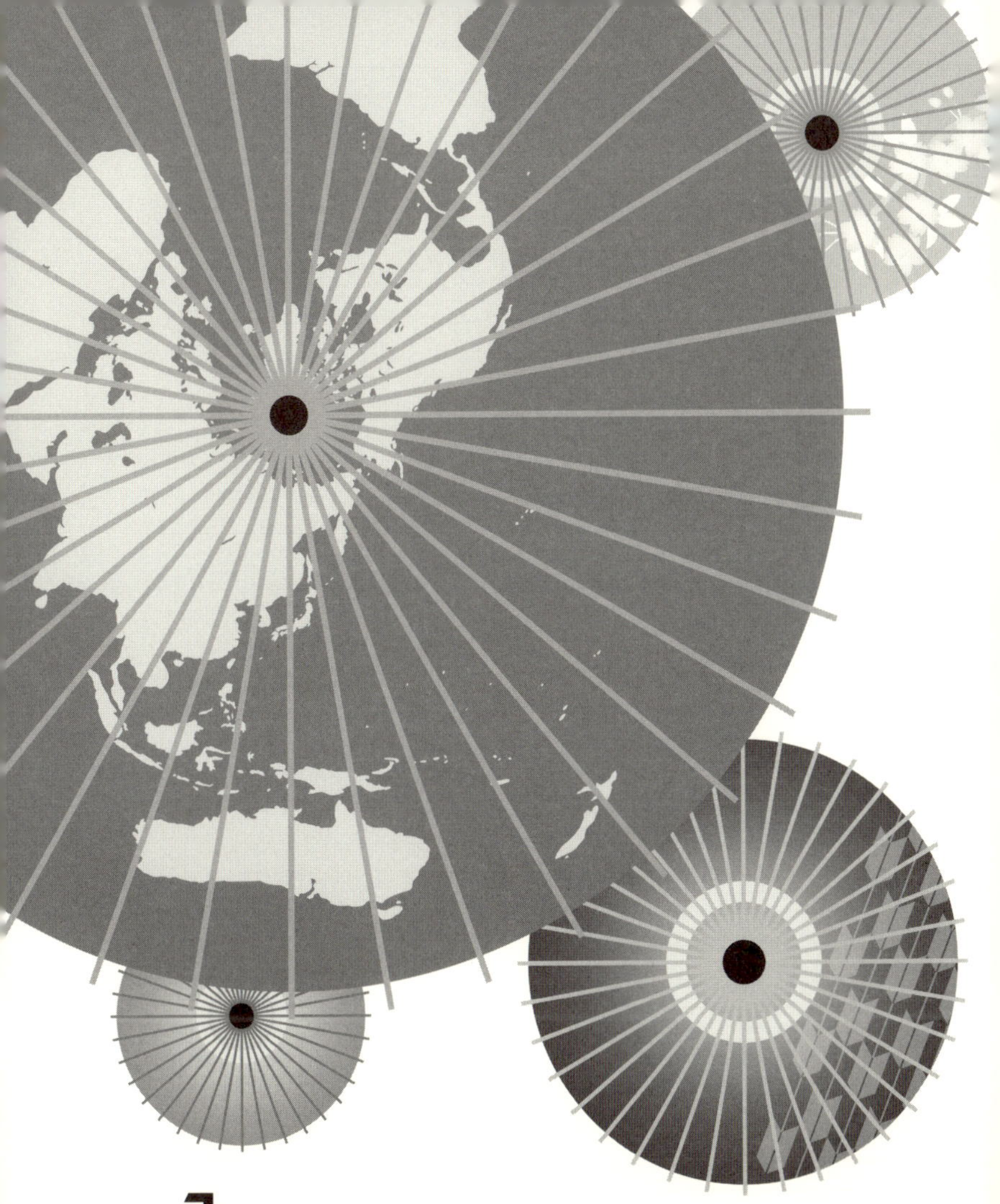

第 1 章

中小企業の活路は海外にあり

―日吉屋メソッドができるまで―

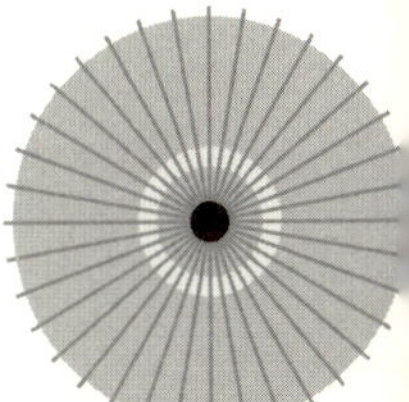

廃業寸前の和傘屋が世界約15ヶ国でデザイン照明を売るまで

日本の外へ出よう！　私を突き動かす衝動

２００8年夏、ドイツ・フランクフルト。私はインテリアデコレーションとギフトの見本市「テンデンス」会場にいました。京和傘の老舗「日吉屋」がはるばるドイツまで出かけてきた理由は、２００６年に開発したデザイン照明「古都里─KOTORI─」を現地に紹介するため。出展場所として与えられたのは、注目の若手デザイナーやメーカーをピックアップした「Next」コーナーです。着物をまとい、髪を後ろで束ねた「モダンサムライ」スタイルの私が、次々訪れる各国のバイヤーやプレスの目の前で、製品の説明をしながら和紙のシェードを開いたり閉じたりして見せると、彼らから一斉に驚嘆の声が上がります。そんな中、ドイツのある照明メーカーを経営する男性が、私に声をかけました。「おたくの製品の魅力に、ひと目ぼれした。ぜひ弊社で取り扱わせてもらいたい」と。

初めて海外に単独ブースで出展したこの「テンデンス」によって、日吉屋はドイツとスイスの2拠点に代理店を獲得し、多くの海外メディアにも取り上げられることになりました。そしてこれを潮目として、日吉屋のデザイン照明は海外展開を加速させ、現在では欧州、オセアニア、中東、アジアの世界約15ヶ国へ商品を輸出しています。

しかしそんな日吉屋も、今からほんの20年前には閑古鳥が鳴き、年商はわずか100万円台で赤字続き、廃業もやむなしというところまで追い込まれていました。この章では、和傘屋である日吉屋が、なぜデザイン照明という未知の新事業に乗り出し、世界に進出できたかを振り返っていきます。

私が日吉屋に入社したのは2003年。母方の実家が京都にあり、子どもの頃には夏休みや冬休みのたびに祖父を訪ねていたせいで、京都のまちには多少親しみがありました。しかし伝統工芸の世界には無縁な、和歌山の田舎町の一公務員だった私が、160年続く老舗の後継者になるとは、人生は不思議なものです。

ここで少し本題から外れますが、まずは私が日吉屋と出会うまでのいきさつを少しばかりお話しさせてください。イノベーションを起こす人材は、しばしば「よそ者」「バカ者」「若者」であると言われますが、まさにこれを地で行ってしまったことが、今の私や日吉屋を形作っていると思うからです。

私が生まれ育ったのは、和歌山県新宮市。新宮市は合気道発祥の地と言われており、世界各国から外国人が修行に訪れるまちです。私が10代にして「世界」を意識するようになったのも、合気道との出会いがきっかけでした。

私が稽古に通ったのは、合気道熊野塾道場という由緒正しい道場で、そこに集まる人々は、国籍も生い立ちもさまざま。元大学教授やミュージシャン、元アメリカ大統領のボディーガードだった人もいるという様相で、家と学校の往復だけではうかがい知ることのできなかった、多様な価値観、生きざまがそこにありました。

そんな中、私はひとりのフランス人と仲良くなり、彼の家に頻繁に遊びにいくようになります。お互い片言の英語で意思疎通するうち、「もっと生きた英語を学びたい」という思いが私の中で日に日に強くなっていきました。

高校生になっても、合気道にばかり熱中して受験勉強からは落ちこぼれていく一方。そんな矢先に、私がたまたま知ったのがカナダと日本の間で協定が結ばれている「ワーキングホリデー」制度です。父方の親戚がカナダのトロントに移住していたこともあって、カナダは私にとって親しみのある国でした。働きながら学び、見聞を広められる点に惹かれた私は、「これしかない」と思いました。周囲には猛反対されることを覚悟していましたが、父は私の必死さを感じ取ったのか、「旅費と学費で100万円だけは出してやる、あとは自分で考えろ」と言って承知してくれました。

カナダに渡り、従姉が手配しておいてくれたトロント大学の学生寮に入ってみると、そこは世界中のあらゆる国から留学生が集まる人種のるつぼでした。学校の授業も、まずはめいめいが自分自身や自分の国を紹介するところから始まります。私は、父が地元では少しは名の知れた英語塾の経営者だった関係で、早くから英語を習っており、多少は会話にも慣れていましたが、「東京の人口は何人ですか?」「歌舞伎について教えてください」「日本人の宗教観は?」など、矢継ぎ早に飛んでくる質問を浴びるとしどろもどろ。自国の文化や慣習について、きちんと話せないということは、どれだけ奇異に見えたことでしょう。

また、当時出会った人の中には、東欧、中東、アジアなど、紛争地帯の国土から脱出してきた人も多くいて、彼らから戦争のリアルな姿を聞くにつけ、日本がどれほど恵まれた環境だったかを痛感しました。日本では想像もつかないような貧富の差が、多くの国で存在することを知ったのも、この1年間の経験のおかげです。18歳で海外に放り出されたおかげで、私は日本人のアイデンティティや特異性を、外からの視点で客観的に見つめるようになったのです。

公務員から職人への転身

ワーキングホリデービザの有効期限である1年は、またたく間に過ぎ、後ろ髪を引かれながら帰国した私は、やがて新宮市役所の職員として働くことになります。新宮市は合気道がつないだ縁で、アメリカのサンタクルーズ市の姉妹都市となっており、国際交流にも力を入れていた関係で、英語の話せる職員が何人か採用され、そのうちの一人が私だったというわけです。

とはいえ、通訳の仕事が常時あるわけではなく、普段は経済観光課の一員として、地域の商業・観光の活性化や流入人口の増大という課題に取り組む日々でした。公務員とはいえ、施策の立案・運用や、税金投入に対する費用対効果の評価には、民間に近いビジネス感覚が求められる世界で、地元で商業や観光業を営む方々に育てられながら、多くのことを学んだ5年間だったと思います。続いて配属された税務課で、税金や保険、年金、各種行政機関の仕組みなどを学べたことも、貴重な経験でした。

のちに私の妻となる女性、つまり日吉屋の次女と出会ったのは、公務員2年目の年でした。当時まだ大学生だった彼女は、卒業後すぐに私と結婚し、新宮市の隣町で公務員として働くことになりますが、まだ結婚する前に彼女の実家を初めて訪れた時のことは、今でもありありと覚えています。

店の3分の2ほどを洋傘が占める中、奥に見慣れないものがありました。義母がそれを手に取り、広げて見せてくれた時、私は衝撃であっと息を呑みました。和傘です。繊細な竹の骨組みが何十本も集まり、和紙の色と美しいコントラストを描いて、目の前の景色がぱっと変わりました。「格好いい!」、素直にそう思いました。

思い起こせば、自分がいかに自国について無知だったかを思い知らされたカナダ留学から帰国後、しばらく日本の伝統文化に関するものを熱心に見たり調べたりしていた時期があり、日本の民芸品も好んでよく買い集めていました。ダイバーシティの中に放り込まれる経験がなければ、そんな伝統の美に気づくこともなかったかもしれません。

聞けば日吉屋の経営状態は大変厳しく、廃業寸前だと言います。こんな格好いいものが作れなくなるのはもったいない。なんとかこの状況を打破できないかと考えた私の頭に、ふとひらめいたのがウェブサイトを作りインターネット通販に乗り出すことでした。ちょうど市役所の観光PR業務でもインターネットのいろはを学び、その可能性に触発されていた時期です。

幸運なことに、当時実弟が大学でITスキルを学び、学生ベンチャーとしてウェブ制作をはじめていたので、彼に協力してもらい、日吉屋のインターネット通販をスタートさせました。日本にITバブルが訪れる少し前、1997年頃のことです。

すると驚くことに、サイトを開設したその月に、東京から番傘の注文が入ったのです。見ず知らずの人とつながれる、インターネットの威力を痛感するとともに、「ニッチでも、この美しい工芸品を求めている方が確かにいる」と確信したできごとでした。

それ以降も注文数は加速度的に増加を続けましたが、日吉屋にはパソコンを扱える人がいなかったため、私たち夫婦が夜に受注をチェックして日吉屋にファックスを送る、というスタイルがしばらく続きました。

インターネット通販の立ち上げと並行して、私は自分自身でも和傘を作ってみたいと思うようになり、妻の祖母や叔父に手ほどきを受けて和傘づくりの真似ごとも始めました。もともとプラモデルづくりが好きで、細かい作業は苦にならないタイプです。平日は公務員として市役所で仕事をこなしながら、週末ごとに和歌山の自宅から京都に通いました。職人の仕事をビデオで撮影し、材料等をもらって和歌山に帰り、毎日仕事が終わった夜に和傘づくりのまねごとに熱中する日々が3年ほど続いたでしょうか。最初はとても売り物になるようなものは作れませんでしたが、そのうちコツを飲み込みうまく作れるようになってくると、次第に私は本格的にこの道で生きていきたいと考えるようになりました。

安定した公務員を辞め、斜陽産業の職人の道を進むなど、私の実家はもちろんのこと妻の家族さえ大反対です。しかし私には自分がやらなければ、かけがえのない何かが失われてしまうという使命感がありました。そしてついに和歌山を離れ、２００3年に日吉屋に入社、その年に先代の義母が病で急逝したことを受け、同年5代目に就任しました。弱冠29歳の当主誕生です。

和傘屋がデザイン照明を作るという発想の転換と、最初の失敗

私が日吉屋に入社した当時は、ネット通販のおかげで年商は1千万円程度までに回復してい

ましたが、先行きに対する不安は、絶えず私の胸にありました。なぜなら2002年頃にはすでに、ネット受注の伸び率が鈍化し始めたのを感じていたからです。

ウェブサイトを立ち上げた初期の頃は、倍々ゲームのように売上が増えて行き、すぐに品切れ状態を起こすようになったため、職人を1人雇用し増産体制を整えました。前年を上回る売り上げを記録する年が続き、それまで閑古鳥が鳴いていた店舗には来客が増え、問い合わせのメールや電話も頻繁に入るようになっていました。日々それなりに忙しく、傍目には順調に見えていたと思いますが、私はこの上り調子は長くは続かないだろうと感じていました。

それも当然のことで、和傘が使われるシーンは、着物とセットで存在してきましたが、近年和装離れは進む一方。ましてや傘をさすような雨の日に着物を着るという行為は、多くの人の暮らしから遠のきつつあります。さらに、良い和傘は耐久性にすぐれているので、使用頻度も少なくなった現代では、1本手に入れればそれはほぼ一生ものなのです。

ここで少し和傘の作り方についてご説明しましょう。

1本の和傘には、大きさにもよりますが、約40~70本の竹の骨があります。まずは、竹を均等に割って薄く削り、所定の場所に糸を通す穴を開けて、親骨と小骨という一対の骨を作ります。これをロクロと呼ばれる上下一対になった木製の円筒形をした部品に、綿糸と針を使い、1本ずつ裁縫のように通して行き、開閉できる骨組みを作ります。

次に型紙に合わせて手漉き和紙を裁断し、さまざまなパーツを作ります。広げた骨組みの上に自家製の澱粉糊を塗って和紙を貼り合わせていき、乾燥させてから畳んで色塗りや飾りつけをします。さらに防水のために亜麻仁油《あまにゆ》という植物性の油を引き、天日で干して乾かし、最後にいくつかの部品を取り付け完成させます。

文字で書くとわずか数行の工程ですが、「和傘は骨数ほど工程がある」と言われており、熟練の職人でも完成までには1～数週間ほどかかります。とくに天日干しは天候や季節に左右されるので、所要日数に幅ができてしまうのです。

そんなふうに手間ひまのかかる和傘づくりですが、現代では大変ニッチな商品になってしまったがゆえに、リピート率も低く、使用人口の増加も見込めないとなると、事業として継続するのは困難です。また自分でも和傘を使ってみて思ったことは、確かに美しく存在感は抜群なのですが、洋傘に比べると重くてかさばり、取り回しが大変なのです。

「このままでいいのだろうか」、そんな不安を抱えながら和傘づくりを続けていたある日、降ってわいたように思いついたのが「和傘を照明に転用できないか」というアイデアです。いつものように近所のお寺の境内で、油引きした傘を天日干ししていた私は、ふと頭上に広げられた傘の手漉き和紙を通して、陽光がやわらかく降り注ぎ、懐かしく温かい空間を作り出しているることに心を惹かれました。それはまさに「日本の美」と呼べる光の空間。和傘と毎日身近に

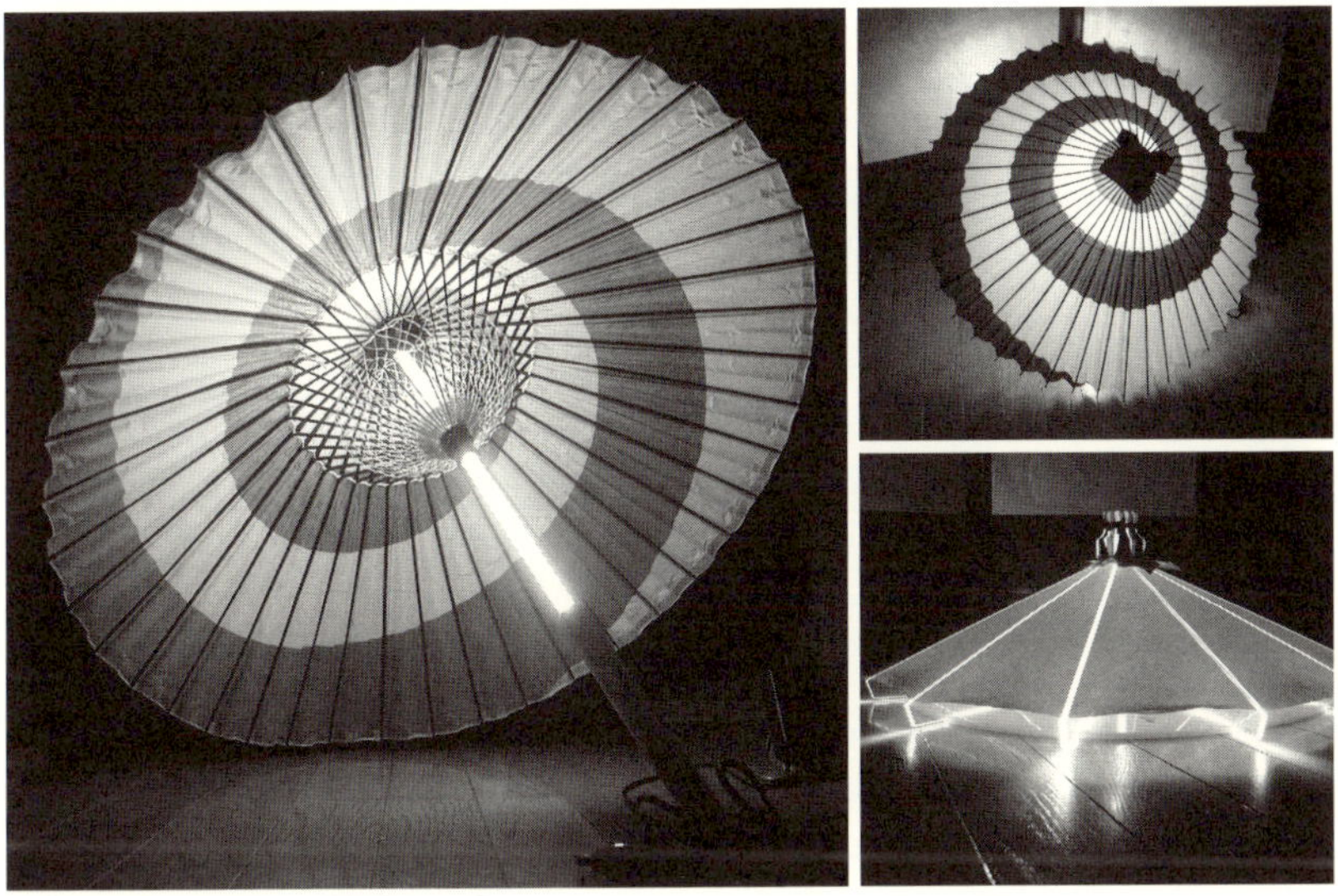

和傘を照明に転用した「和傘ランプ」

接していながら、気づいていなかった美がそこにありました。

幸か不幸か、京都で和傘を作っているのは日吉屋しか残っていませんでしたから、同業者組合はすでにありません。家族も懐疑的ではありましたが、私の新しいチャレンジを止めようとする人はもはや誰もいませんでした。

しかし照明器具を作ろうと思い立ったものの、電気の配線はもとより、製品デザインや設計についてはまったくの素人です。ホームセンターに行って、簡単なクリップライトやソケット、スイッチ、電気のケーブルなどを買い込み、一日の仕事を終えた後に、夜な夜な工房で試作を続ける毎日が続きました。

近所に工房を構えていた照明作家さんなどの力も借り、最初にできたプロトタイプ（試作品）は、和傘の形状をそのまま使ったもので、当時の自分には、なかなかいいものに見えました。しかし今思えば、これは中小企業が陥りがちな「プロダクトアウト（作り手がいいと思うもの、作りたいと思うものを作ること）」の典型的な失敗例であったと言えます。

この和傘ランプを２００４年にインテリア関係の展示会2つに出展してみたところ、多くの来場者が足を留め、その美しさを褒めてくださいました。しかしなぜか受注は一向に取れない。思い余って、ある来場者にその疑問をぶつけてみたところ、返ってきた答えは「きれいだし、志も立派だが、使うシーンが思い浮かばない」というものでした。

確かに、ただでさえかさばる和傘を常時室内で広げている状態ですから、旅館や店舗の装飾としてはよくても、ふつうの人が暮らすマンションや家には、サイズもテイストも合いません。「和傘の技術を見せたい」という一方通行な主張ばかりが先立ち、使い手のことを全く考えていなかったのです。

外部ブレーンの力を借りて、明確な将来ビジョンを描く

和傘ランプは失敗に終わりましたが、実は当時、もうひとつのプロジェクトが同時進行中でした。和傘ランプの試作に苦戦し、素人のものづくりの限界を感じた私は、たまたま知己を得ていたあるプロデューサーに相談を持ち掛けていました。その人とは、京都の伝統工芸の海外発信をはじめ、数々の地域活性化プロジェクトを手掛ける島田昭彦さんです。

そこで島田さんから返ってきた答えは「餅は餅屋。照明を作るなら、照明デザイナーの力を借りないと、いつまでたっても自己満足の域を出ない」というものでした。そして東京在住の照明デザイナー長根寛さんをご紹介くださったのです。

長根さんも、試作品の和傘ランプを見て、ハタと困惑されたようでした。「和傘はデザインとしては完成されていて、極限まで無駄がない。さすがに千年かかって今の形に至っただけのことはあり、デザイナーとしては手の加えようがない」と言うのです。また、照明器具として

考えた場合、民芸色が強すぎて現代のインテリアシーンには全く合わない。ならばいっそ、和傘とは全くかけ離れた形状の照明を新たに開発し直そうというのが、長根さんの意見でした。

日吉屋の工房やものづくりをひととおり観察して帰られた長根さんは、後日、実際の開発作業に着手する前に、A４数枚の企画書を私の前に差し出しました。

ページをめくって、最初に目に飛び込んできたのは、「可能性を探る」というひと言です。和傘の魅力と技術を転用し、現代の生活空間や商業施設から「ほしい！」と求められるような商品に育てていくために必要なこととして、①プロダクトデザイン、②パンフレットやウェブサイトといったプロモーションツール制作、③展示会出展によるプロモーション活動などのステップが大まかに示されていました。

私が驚いたのは、そのプロモーション活動の最後に「海外へ販路を求める」という提案があったことです。つまりそれは、海外の有力展示会に出品し、現地の代理店や販売店確保といった成果を上げていくというビジョンです。

「デザイン照明」で海外へ打って出るという発想は、まだ和傘屋としての自意識にとらわれていた私にはないものでした。その企画書に触発され、改めて自分なりに調べてみると、いろいろなことが明確になってきました。たとえば当時の日本の照明器具市場は電球類も含めて年間５千億円規模であり、国内外の大手メーカーがしのぎを削るその戦場で、日吉屋のような存在が食い込んでいけるのは、唯一「デザイン照明」の分野しかありません。デザイン照明とはつまり、省エネや価格や先端技術といったスペックではなく、「きれいだ」「面白い」「ときめく」といった感性価値が問われる世界です。和傘屋が片手間にやる照明づくりではなく、本気で完成度の高いデザインを目指さなくてはなりません。

そして、私たちのような小さな企業が作るニッチなデザイン照明は、最初から爆発的に売れることはまずありません。どうにかこうにか国内50都市に販売拠点を作れたとしても、1ヶ所で月に1～2個売れれば良い方です。つまり、ひと月に100個売れるのがせいぜい。それなら月100個売れる国を10作ればいいのです。

そこで私たちは、商品が完成したあかつきには、まず日本国内のお墨付きとして「グッドデザイン賞」を獲得することを目標に、しっかりしたブランド価値を築き上げようと意思統一しました。そしてその評価を足掛かりに、世界のバイヤーが集まる照明の国際見本市に出展を果たし、世界市場で売ろうと決めたのです。

長根さんの企画書は、ごくシンプルなものでしたが、これから自分たちがどこをめざすべきなのか、そしてそれはなぜなのか、を明確にする大いなるきっかけとなりました。それに比べれば、最初のプロトタイプである和傘ランプは、ビジョンのないものづくりの産物に過ぎなかったのだと、ようやく私は気づいたのです。

「マーケットインの発想×自社の強み」を活かし、イノベーションを生む

とはいえ、プロダクトデザインが最終形にたどり着くまでの道のりは、一筋縄ではいきませんでした。最初に長根さんが考案したのは、細長い筒型の形が、下に行くほどなだらかに広がってカーブしている、フレアスカートのような形状のランプシェードでした。しかし指定されている骨の厚みでは、デザイン画どおりの均一な曲線にうまく曲げることができません。

しかも失敗に次ぐ失敗を繰り返しているうちに、展示会の日程はもうすぐそこまで迫っていました。最後までトライしましたが、結局カーブは断念せざるを得ませんでした。ついに、もはやややけくその心境で、シンプルな円筒状の骨組みに和紙を貼っただけのものを、和傘ランプと一緒に出品したのです。

当時は私もまだ和傘屋としての固定観念に縛られていましたから、和傘とは似ても似つかぬ、その虫かごのような形状がいいとはとても思えませんでした。しかしその虫かごランプの試作品を展示会に出してみると、まだ完成度は極めて低かったにも関わらず、その「現代インテリア事情に見合ったモダンさ」に目を留め、あれこれ問い合わせをしてくれるバイヤーが多くいたのです。和傘ランプとは大違いでした。そこで私たちは思い切って和傘ランプからは完全に手を引き、円筒形に絞って開発を進めていくことを決心しました。

虫かごランプをアップデートして市販品へと完成させる上で、私がこだわったのは、傘のよ

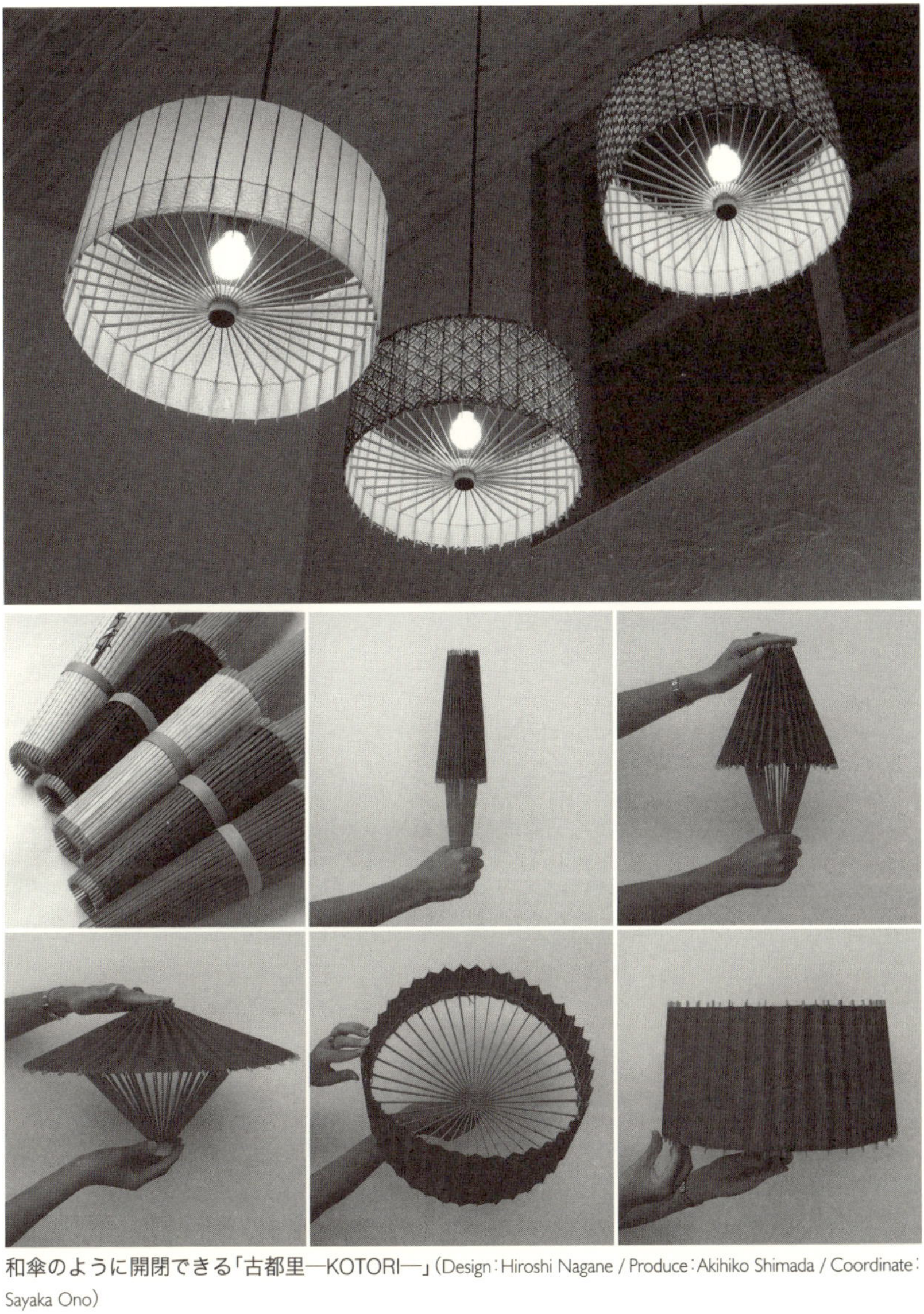

和傘のように開閉できる「古都里—KOTORI—」（Design：Hiroshi Nagane / Produce：Akihiko Shimada / Coordinate：Sayaka Ono）

うに開閉させたいということでした。照明デザイナーである長根さんには予想外なアイデアだったようですが、開閉させることで収納時はコンパクトになり、輸送に便利なうえ、季節ごとにシェードを着せ替えるという提案も広がります。またランプを下から見上げた時に、放射線状に広がる竹の骨組みが和傘の美を印象付けてくれます。このユニークさにこそ、和傘屋としての強みを活かすべきだと私は考えたのです。

とはいえ、誰でも開閉しやすく、なおかつ開いた状態で固定し形状保持できる仕掛けを作り上げるのは苦労の連続で、何度もトライアル&エラーを繰り返しました。加えて、必要な電気器具や骨、ロクロ（傘の中心部で骨を束ねる木製パーツ）などを特注生産する必要もあり、それらの体制を整えるのも一苦労。新商品開発が２００４年にスタートしてから、気づけば2年の歳月が流れていました。数々のハードルを越え、２００６年に完成した新商品は、「古都里—KOTORI—」と名付けられました。

「古都里」は発売直後から数々のメディアに取り上げられて注目を浴び、２００７年には目論見どおり「グッドデザイン賞」（特別賞・中小企業庁長官賞）を獲得。２００８年には海外の展示会出展と、まさにロードマップで描いた道のりを歩んでいくことになります。「プロダクトアウト」とは真逆の、市場ニーズに見合ったものを作る「マーケットイン」の発想と、日吉屋にしかない強みが呼び起こす「驚き・感動」。そのふたつが掛け合わされることでイノベー

ロングセラーとなった「古都里─KOTORI─」

ションが生まれ、「古都里」は強いオリジナリティを持った魅力的なプロダクトになれたと言えるでしょう。

今では「古都里」は販売開始から12年を数えるロングセラーとなり、世界約15ヶ国で販売されています。このまま何十年と作り続けられ人々に愛されていくなら、この製品もいずれは伝統工芸品となるかもしれません。時代の波にもまれながら残っていくもの。まさにそれが日吉屋の理想とする伝統の形なのです。

伝統は革新の連続 ―企業理念の重要性―

和傘も進化の産物だった、という発見

「伝統」とは一体何でしょうか。『広辞苑』によると、「ある民族や社会・団体が長い歴史を通じて培い、伝えてきた信仰・風習・制度・思想・学問・芸術など」とあります。つまりその「信仰・風習・制度・思想・学問・芸術」は、生まれた瞬間に伝統となったのではないわけです。むしろそれが考案されて間もない頃は「新しい」「革新的な」ものだったはずで、それが時代に受け入れられ、長く生き続けた結果、伝統と呼ばれるようになったのでしょう。

長く生き続けるには、常に変化する時代に適合する必要があります。より便利に、より美し

く、より魅力的に、変化と革新を繰り返していくのです。

ここで少し和傘の歴史を振り返ってみましょう。日本で初めて傘が使われるようになったのは奈良時代のことで、仏教や漢字などと一緒に中国から伝来したと言われています。さらに当時の傘は、魔除けや宗教儀式に使われるものであり、竿の先端に天蓋のようなものを吊り下げた形状で開閉はできず、従者が高貴な人にさし掛けていたと思われます。

そして時代が下るにつれて、傘は少しずつ変化を遂げ、室町時代になると持ち手を握って使用する形が定着し、さらに開閉できる仕組みが登場するのが安土桃山時代だと言われています（ただし時代考証については諸説あります）。傘が開閉式になり、携帯性が格段に増したことは、和紙や竹の加工技術が向上したことと併せて、傘の進化を方向づけたと言えるでしょう。

江戸時代に入ると、骨づくり、組み立て、和紙貼り、塗装、油引きなど工程ごとに分業が進みます。とくに元禄文化と呼ばれる町人文化が花開いた時代には、庶民もファッションアイテムとして傘を使うようになり、意匠を凝らした傘が数多く生産されるようになります。

こうして歴史を振り返ってみて気づくことは、平安時代には平安時代のユーザーに、江戸時代には江戸時代のユーザーに受け入れられる製品をめざし、創意工夫を凝らしアップデートを繰り返しながら傘を作っていた職人たちがいたことです。

和傘の衰退と、その理由

では今、なぜ和傘はここまで衰退してしまったのでしょうか。和傘というと江戸時代を連想する方が多いかもしれませんが、実は生産の最盛期は昭和初期〜戦後すぐまでというのが正しいようです。全国生産量の7割以上を生産していた岐阜県の資料などによると、最盛期には全国で年間1700万本以上の和傘が作られていたそうです。北原白秋による「雨あめ降れふれかあさんが　蛇の目でお迎え　うれしいな」という童謡は、まさにどこの家の玄関にも、蛇の目傘が置かれていた時代があったことを示しています。

しかし戦後になると日本人の生活は一変します。一面焦土となった日本が、奇跡的な戦後復興を果たしていくのと同時に、急激な欧米化の波が押し寄せます。戦後すぐは、あらゆる物資が不足していたため、洋傘よりも身近な材料ですぐに作れる和傘のニーズが高かったようですが、高度経済成長が始まると、和傘は洋傘にその地位を奪われていきました。

やがて1970年代以降、ビニール傘の登場により低価格化が進み、さらに洋傘の生産が中国にシフトしていくにつれ、洋傘・和傘問わず、国内における傘製造は壊滅状態に陥り、廃業が相次ぎました。

私が日吉屋を知った20数年前には、まだ市内に和傘を製造するところは2軒ありましたし、日吉屋の近所にある茶道の御家元に通う着物のご婦人方のうち、30〜40人に一人はまだ和傘をさした方がおられたものです。しかし今では和傘を作っているのは日吉屋だけ、和傘をさした茶人を見かけるのも1年に1〜2回あるかないかという程度です。

和傘を現代の暮らしから遠ざけている理由はなんでしょうか。まず和傘は重いうえ、洋傘のように持ち手がフック状になっていません。それはシンプルで美しいフォルムを創り出す一因ではあるのですが、手首などに掛けることができないので必ず片手が塞がってしまいます。次に、和傘は持ち手側を下にして持ったり置いたりするのがルールですが、これもバッグから何か取り出そうとする時は、一旦どこかに置かないと埒があきません。油引きをほどこした和紙は質感が素晴らしく、実用強度も防水性も十分にあるのですが、やはり濡れた状態で和紙が柔らかくなっていると、尖ったものに当たるのを避ける必要があり、神経を使います。

つまり格好いいのですが、現代の感覚からすると実用性が低いのです。

これは実用性を高めることに挑戦しなかった（あるいはできなかった）、和傘業界自体の問題でしょう。「伝統工芸品」であれば使いにくくても、今のライフスタイルに合っていなくてもいいというのは、私は違うと思います。

もちろん、伝統芸能や寺社仏閣、お祭りなど、何らかの理由で「伝統的」であることが求められるシーンも存在しますから、古き良きものづくりはしっかり維持しながら、より多くの方が無理なく今のライフスタイルに自然に取り入れられるような、そんなものを作る努力をすべきではないでしょうか。

そのためには、現代のデザインや素材、技術を取り入れることも必要でしょう。先述したように、もともとはすべての「伝統工芸品」は「新しい商品」として生まれ、やがて普及して「おなじみの商品」となり、時間が経つ中で「伝統工芸品」と呼ばれるようになったはずです。

強い企業理念を掲げ、「老舗」から「老舗ベンチャー」へ

２００６年、「古都里」のデビューを機に、私は日吉屋を「老舗」から「老舗ベンチャー」へ生まれ変わらせるというテーマを掲げました。老舗の伝統を財産としつつも、ただ古き良きものを守るだけではなく、新規事業を積極的に開拓するチャレンジ精神に満ちた企業。それが私の思い描く老舗ベンチャーです。そこで会計、営業方法、社内体制にいたるまで、すべての見直しを図りましたが、最も重要だったのは企業理念の設定です。それまでの日吉屋には明確に言語化された企業理念はありませんでした。

私が掲げたのは「伝統は革新の連続」というもので、今もなお日吉屋の背骨を支える思想となっています。自社の存在価値がどこにあり、社会に何を提供していきたいのか。それを明確に言語化したフレーズを、すべての社員が毎日目にし、考えることで、社風が醸成されていくのだと思います。「イズム」は一朝一夕に創れるものではありません。

ファッションデザイナーとコラボしたアンブレラ・ヴェール

開閉するバスケット「ブルーム」

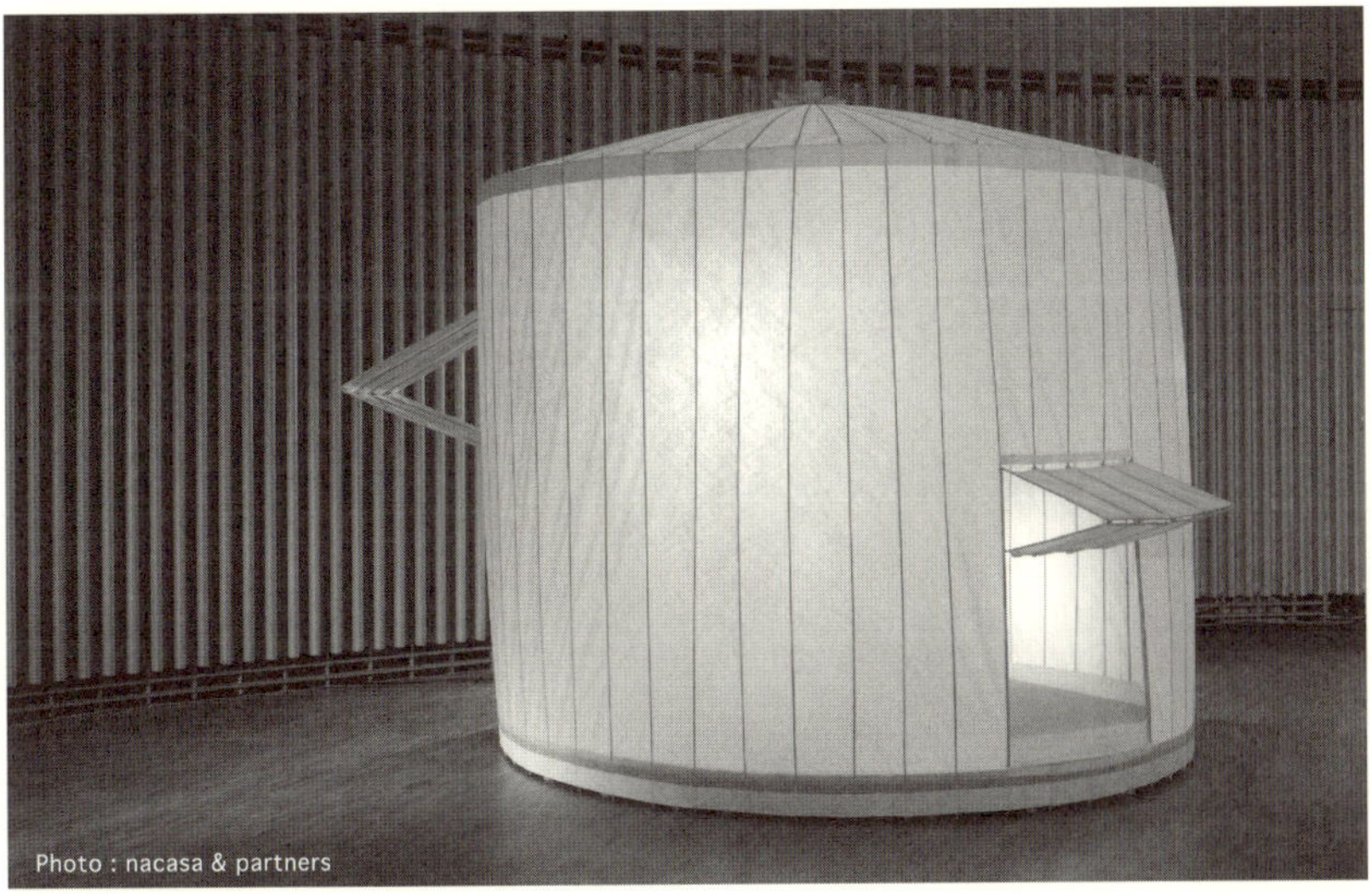

実験的茶室「傘庵」

「同じものしか作れない職人であることをやめて、老舗ベンチャーとして時代に合った新商品を開発していく姿勢を持とう」と、10年に渡って言い続けてきたおかげで、今では5名いる若手職人からもいろいろなアイデアが上がってくるようになっています。また、製造部門ではない、営業や販売、デザイン部門のスタッフにも浸透するように常に言い続けるようにしています。たとえば大阪のキッチン用品メーカーと共同開発した、傘の原理で開閉するバスケット「ブルーム」は、営業担当者がヒアリングから開発、制作まで私と一緒に担当したものです。

クリエイティブな工房というイメージを打ち立てたことで、ユニークな依頼が舞い込んできた事例も少なくありません。ファッションデザイナー桂由美さんから依頼を受け、コラボパートナーとしてパリオートクチュールコレクションにアンブレラスカートやヴェールを出品したり、茶道家の木村宗慎さんと建築家の矢島一裕さんが、世界お茶祭りというイベントのために企画した実験的茶室「傘庵」の施工を担当したりといった具合です。

そういった新しいものづくりに向き合う時のため、私は常々「できないと簡単には言わないようにしよう」と言っています。最初からできないと決めつけてしまわないで、とにかくやれる方法がないか考えてチャレンジしてみようということです。初めて味わう苦労や試行錯誤を乗り越えた経験は、作り手を成長させますし、「ここに頼めば、こんな変わったものも作ってくれるかもしれない」という周囲の期待感はブランディングにつながり、さらにユニークなオーダーが舞い込むきっかけになります。

そういったチャレンジを経て新しいヒット商品が創出できれば、いろんな職人さんに仕事を発注するなど、京都だけでなく全国の伝統産業の底上げに一役買うこともできるかもしれません。それこそ老舗ベンチャーの真骨頂ではないでしょうか。

海外展示会で学んだこと —日吉屋メソッドの芽生え—

公的支援を得て、パリとフランクフルトへ初の海外出展

日吉屋が初めて出展した海外の展示会は、２００８年1月の「メゾン・エ・オブジェ」。フランスのパリ郊外で開かれる、世界最大級のインテリア&デザインの見本市です。

ちょうど中小企業庁が２００４年から「ジャパンブランド育成支援事業」を創設し、各地の支援機関等と連携して、地域の魅力や伝統を活かした製品の海外市場開拓を支援しようという動きをスタートさせていました。京都では京都商工会議所の肝いりで「京都プレミアム」という名のもと、複数のメーカーを「メゾン・エ・オブジェ」に送り込むことになり、日吉屋もその公募にチャレンジして採用されたのです。公募で選ばれた10社による合同出展で、参加費を払えば、旅程コーディネートも会場設営もすべてお膳立てしてもらえるという条件です。海外

展示会など全く初めてで、何を用意すればいいのか皆目わからない私にとってはありがたい話でした。そしてパリの翌月には、ドイツ・フランクフルトで行われる、これまた世界最大級のインテリア・生活雑貨の展示会「アンビエンテ」に出展。こちらは経済産業省主導のもと、デザインベンチャーの輸出支援を行う「sozo_com（ソーゾーコム）」という育成事業において、日本全国から選ばれた約50社にエントリーしたのです。

これら公的支援事業に応募するに当たり、独立行政法人中小企業基盤整備機構をはじめさまざまな相談窓口で効果的な申請書の作成法等についてアドバイスを受けました。また、前年の２００７年に「グッドデザイン賞」を獲得していたことも、有利に働いたと見ていいでしょう。

現地で得た気づきと、思いがけないチャンス

短期間で立て続けに2度の海外出展をしたわけですが、行ってみてわかったことは、ただ日本と同じ製品を並べるだけでは、せっかくの海外出展も単なるテストマーケティングに終わってしまい、実際の商談は勝ち取れないということでした。

まず日本と海外では電気事情が異なります。日本国内の一般家庭向け電圧は１００Ｖですが、ヨーロッパは２２０Ｖが中心で、日本の照明器具はヨーロッパの電圧では使えません。「古都里」を欲しいと言ってくれるバイヤーがいても、「電気コードやソケットはそちらで用意してく

ださい」では相手にしてもらえないでしょう。

さらに、実際に製品として販売するには、欧州独自のCEという安全規格に準拠している必要があります。また、住環境や文化の違いから、日本と海外では照明に求めるものも異なります。「メゾン・エ・オブジェ」や「アンビエンテ」で出会ったバイヤーが口を揃えて指摘したのは、「サイズが小さすぎる」「明るすぎる」という2点でした。

ヨーロッパでは部屋が広く天井高も高いため、照明器具もある程度、室内装飾品として存在感のあるものが好まれます。また、日本のようにひとつのシーリングライト（天井照明）で部屋のすみずみまで照らそうという発想はあまりなく、むしろ天井、壁、卓上などに複数の間接照明をあしらい、ほの暗く陰翳ある空間を演出するのがよいとされています。日本では「明るくないと目が悪くなる」とされ、とにかく明るい商品が好まれるのですが、日本でおなじみの100Wの電球が2灯もついたモデルは、彼らの目には美しくないものと映るのです。

結局「メゾン・エ・オブジェ」でも、「アンビエンテ」でも、「古都里」のシェードの美しさやユニークさに目を留めたプレスやバイヤーから、名刺は数多くもらったものの、実際の商売につながる話はありませんでした。海外の市場を開拓するなら、現地の文化やニーズに合わせて製品をローカライズする必要があることを、私ははっきりと学びました。

しかしドイツでは思いがけないラッキーなこともありました。「アンビエンテ」行きには、妻と当時まだ3歳だった娘を同伴しており、その日会場に着いた私は、ベビーカーを押しながらオフィスタワー内の託児所を探していました（余談になりますが、フランクフルトの国際展示場にはプロの保育士が常駐している託児所があり、出展者・来場者は無料で利用できます。その充実ぶりは目を見張るものがあり、そんなところにもお国柄を感じます）。

託児所が見当たらずキョロキョロしていた私を見て、「どうかしたの？」と声をかけてきた赤毛の女性がいました。私が事情を説明すると、その人は勝手知ったる様子で託児所まで案内してくれました。お礼を言ってその場は別れ、その後、私がブースに立っていると、さっき親切にしてくれたあの赤毛の女性が5〜6人の取り巻きを連れて、こちらに歩いてくるではありませんか。彼女は私に気づいたようでした。

「あら？　さっきも会ったわね。あなた出展者だったの？」と彼女。

実は、その赤毛の女性は、「アンビエンテ」を主催する会社の副社長だったのです。彼女はブースに並んでいる「古都里」に目を留め、興味津々で私の説明に耳を傾けてくれました。そして驚いたことに、夏に同社が開催する展示会「テンデンス」に招待したいと申し出てくれたのです。それも、注目の若手デザイナーやメーカーをピックアップした「Next」コーナーへの単独出展です。これまでのような、複数の日本のメーカーが肩を並べる合同ブースとはわけが違います。あらゆる偶然は必然だとよく言いますが、この時の出会いを思うと、何かに導かれているようで今でも不思議な気持ちになります。

初めての取引先との出会い

3度目の海外出展となった「テンデンス」では、先の反省点を踏まえ、いくつか工夫をこらしました。まず「サイズが小さすぎる」「明るすぎる」という指摘に応えて、改良した商品を用意しました。

次に、一瞬で個性が伝わり興味を持ってもらえるよう、自分自身の演出も重要です。ヨーロッパでは古くから黒澤映画が愛されていますし、トム・クルーズ主演の「ラスト・サムライ」も数年前に人気を集めていましたから、着物をまとい、髪を後ろで束ねた「モダンサムライ」スタイルで行くことにしました。

また、プライスリストや商談シートのほか、メディア向けに配布するプレスキット（記者の資料となる英文テキストと画像データをまとめたもの）も用意しました。これらも、本来ならば初回の海外出展から用意しておくべきものばかりです。しかし何事も未経験で無知だった私は、こんな些細なことも、いちいち壁にぶち当たりながら覚えていったのです。

蓋を開けてみれば、「テンデンス」における日吉屋の注目度は非常に高いものになりました。「テンデンス」では「プレスツアー」なるものがあり、広大な会場内の主要な見どころを主催者

上：2008 年のテンデンス出展／下：2008 年のアンビエンテ出展

上：ドイツの照明メーカー社長と展示会ブースにて／下：ディストリビューターブース内での展示

側が事前にピックアップし、メディアの記者たちを効率よくガイドするようになっています。そのツアー担当者が日吉屋のブースを気に入ってコースに組み込んでくれたおかげで、1日に2～3回、20～30人のプレスが訪れ、彼らの前でさながらミニ記者会見のようにプレゼンをする経験もしました。

そして何より重要なのは、この章の冒頭に描いたような、初めての海外取引先との出会いを果たしたことです。ひとつはドイツの照明メーカーZ社。この時点では、CEという欧州の安全規格に見合った照明器具にまだ変更できていませんでしたが、Z社は、「うちが中の照明器具を作るから、日吉屋はシェードを納品してくれればいい」というのです。私たちにとっては願ってもない話です。

さらにもう1社、私たちの商品を取り扱いたいというスイスのディストリビューター（販売代理店）も現れました。日吉屋はこうしてヨーロッパ市場に最初の足掛かりを作ったのです。

「ネクスト・マーケットイン」のメソッドを確立するまで

iFデザイン賞を獲得した「MOTO」誕生のいきさつ

海外の展示会に出た経験は、プレスやバイヤーだけでなく海外デザイナーとの出会いも引き寄せました。日吉屋には「バタフライ」と呼ばれる特注商品がありますが、これをデザインしたデザイナーのヨルグ・ゲスナーさんは、「アンビエンテ」のブースで「古都里」を見て興味を持ったらしく、その後来日し京都を訪ねてきてくれました。

越前和紙のメーカーとも交流があり、和紙の知識を持っていたゲスナーさんは、弊社の工房をひととおり見学して帰国し、数か月経った頃に、「バタフライ」のデザイン案を送ってくれました。

蝶の羽のように、円錐形を上下対称に重ねかつ開閉するそのシルエットは、日本のデザイナーからすると、突飛すぎて思いつかないようなものですが、実際に制作して展示会に出してみると、ヨーロッパではむしろ「古都里」より評判がいいこともあるほどです。その理由をいろいろな人に聞いてみると、「日本的なエッセンスと、ヨーロッパ的なエッセンスが見事に融合している」と言うのです。しかし日本人の私にとっては、これのどこにヨーロッパ的なエッセンスが潜んでいるのか、いまひとつわかるようでわからないのが正直なところです。

やはりデザインとは、生まれ育った国の文化や生活習慣の蓄積からにじみ出てくるものであり、背景が異なる人間はその表層をまねることはできても、その奥にある蓄積を一朝一夕に理解することはできません。

日吉屋のような伝統の担い手が海外の人々の視点を取り入れることで、「日本人だけではできないこと、外国人だけでもできないこと」ができるのではないか、という思いは私の中でますます深まっていきました。

２００８年にヨーロッパへの足掛かりを作ったのに続いて、２００９年日吉屋は初めて北米の展示会に初出展しました。これはＪＥＴＲＯ（日本貿易振興機構）が「ジャパン・バイ・デザイン」というテーマのもと、「ニューヨーク国際現代家具見本市（ＩＣＦＦ）」に出展するに当たり、その日本パビリオンを構成する1社に選ばれたものです。

ヨーロッパで「古都里」のシェードの美しさが好意的に迎えられたのに比べ、北米の反応は少し違っていました。今でこそ北米でも、日本の伝統クラフト的なものの価値に対する評価が高まっていますが、当時はまだそのような空気は生まれていませんでした。

スイスの販売代理店から紹介を受け、北米最大のデザイン雑貨のディストリビューターと商談を進めていたのですが、「開閉できる点は面白いが、竹や紙でできた照明はクラフト色が強すぎる。もう少し現代的な素材でインダストリアルテイストのものを作れないか？」というのが彼らの意見でした。

そこで私は、ＪＥＴＲＯの輸出有望案件支援事業の専門家を務める草野信明氏から紹介を受け、無印良品などでシンプルかつモダンなプロダクトデザインを数多く手がけている、デザイナーのみやけかずしげさんに相談を持ちかけ、２００９年の後半から新製品の試作を始めまし

ドイツ人デザイナーがデザインした特注照明「バタフライ」

た。みやけさんのデザインに、日吉屋の意見も加え、試行錯誤ののちに2010年に誕生したのが「MOTO」です。「古都里」とは異なり、和紙や生地が貼られていないのが特徴で、むき出しの骨組みにはスチールやABS素材を使用。ステンレスリングを手で昇降させると、フレームの開閉具合やシェイプを自在に変えられる仕組みです。

イタリア語で「動」を意味する「MOTO」は、2010年のグッドデザイン賞に輝き、さらに2011年には、世界で最も権威のあるデザイン賞のひとつと言われるiFプロダクトデザイン賞（ドイツ）を獲得しました。このような賞を、日吉屋のような小さなメーカーが獲るのは非常にまれなことです。これまでの歩みを思うと、まさに感無量でした。

グローカリゼーションで新しい市場を創造する

現在、日吉屋では、売上の4割を和傘が、6割をデザイン照明が占めており、デザイン照明の売上のうち平均すると約3割ほどが海外向けです。

先にお話したとおり、2008年に海外デビューを果たした直後は、ドイツの照明メーカーZ社がシェードの中のコードやソケットといった照明器具を作ってくれていました。ノウハウのない時期だったこともあり、そのことについては非常に感謝もしていますが、そのうちしきに仕事のスピードの遅さや、性能の物足りなさが気になり始めた私は、Z社に頼るのはやめ、

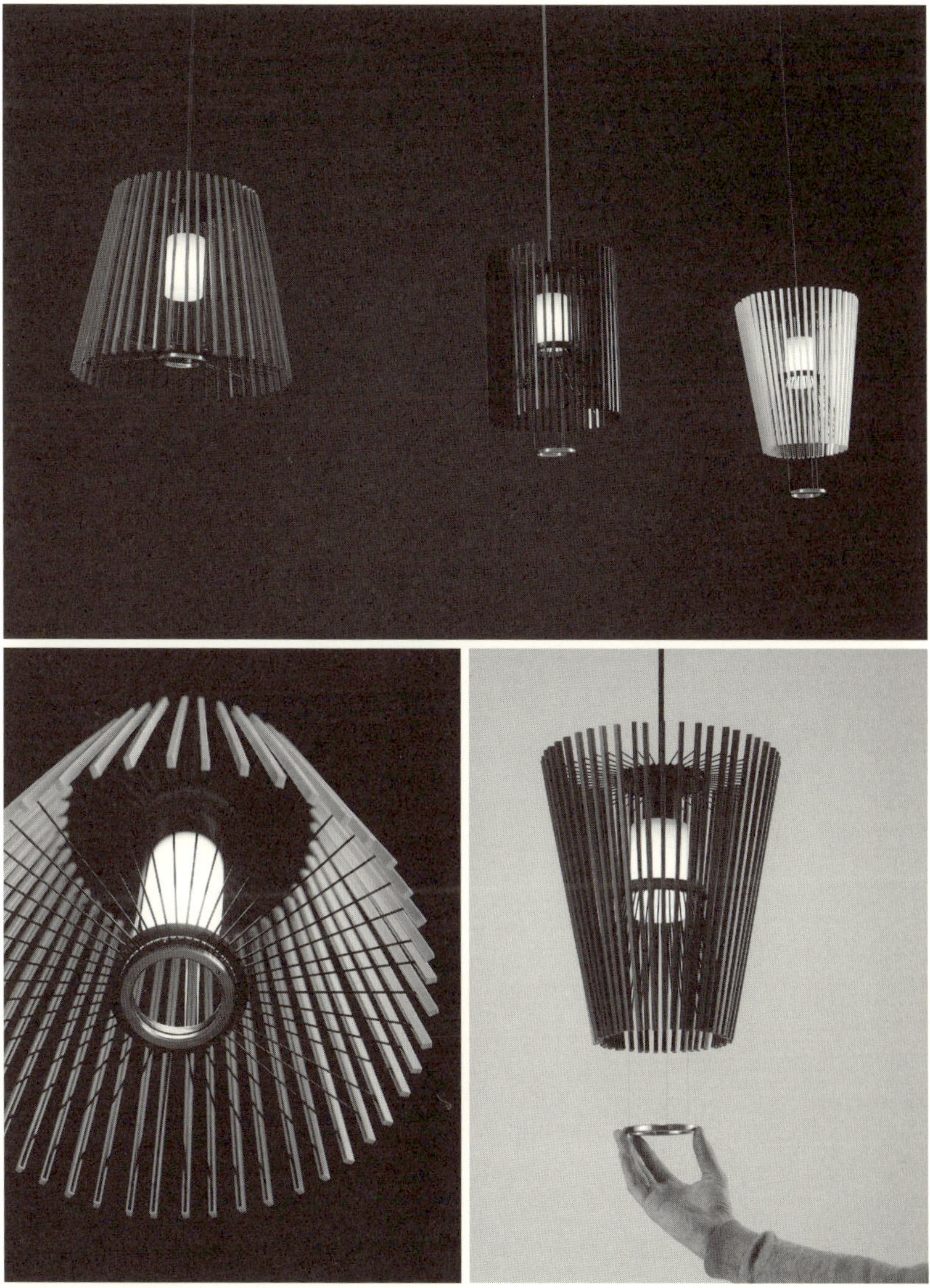

iF デザイン賞を獲得した「MOTO」

海外向け照明器具の中身もすべて自社で作ることにして、現在に至っています。デザイン照明をひとつの看板としていくのなら、それなりの覚悟と責任をもって取り組まなければだめだと思ったのです。

作り手がいいと思うもの、作りたいと思うものを作る「プロダクトアウト」で失敗した2004年。その後、外部のプロフェッショナルと組み、市場のニーズを意識した「マーケットイン」のものづくりで「古都里」を成功させた2006年。さらに2010年以降は、進出した い海外マーケットの嗜好やニーズに合った製品を開発するというグローカリゼーションのフェーズへと、日吉屋は少しずつ進化を遂げてきました。販売網が世界約15ヶ国に広がったおかげで、バイヤーやデザイナーとのネットワークも、昔とは比べ物にならないほど充実しました。

そしてこのメソッドを、かつての日吉屋のようにブレイクスルーを模索する企業の支援に役立てたいと思った私は、2012年にTCI研究所を設立しました。別の言い方をするならば、TCI研究所は、私が10年間苦労を重ねた道のりを振り返ったものを集めて形にしたものです。

TCIの名前の由来は「Tradition is Continuing Innovation」、つまり「伝統は革新の連続」という弊社の企業理念から頭文字を取ったものです。現在TCI研究所は、日本、フランス、ドイツ、スイスなどで活躍するデザイナー陣のほか、経験豊富なビジネスアドバイザーも複数の国から迎え入れ、さまざまな企業の海外プロジェクトを支援すべく、コンサルティングやセミナーを行っています。この6年で関わった、のべ130社を超す支援企業からは、海外販路開拓の成功事例も続々と誕生しています。

「日吉屋メソッド」から「ネクスト・マーケットイン」へ、進化したミッション

TCI研究所がこのように支援の幅を広げるようになった背景には、前JETROニューヨーク所長を務められた横田俊之さんの存在が大きく関わっています。2013年の夏のある日、当時中小企業庁次長だった横田さんは、大阪で開かれた国際会議に出張された機会に、日吉屋の視察に来られました。そして、日吉屋の事業もさることながら、海外展開のノウハウを横展開するために立ち上げたTCI研究所の取組みに強い関心を示されました。このご縁で、横田さんは私を霞が関の中小企業庁内で開かれた勉強会に、3回ほど講師として招いてくださいました。当時、政府の成長戦略の中で、中小企業の新たな海外展開事例を1万社創出することが目標に掲げられていた時期です。そこで横田さんに言われたのが「1社1社や、限られた少数の成功事例、特別な才能の存在に依存する成功例だけでは、日本の全企業の99・7%を占める中小企業（約380万社）に、広く効果のある政策にはなり得ない。何とか3千社程度の海外支援を支援できる手法を、自社の経験の中から考えてみてほしい」ということでした。

後から横田さんに伺った話では、中小企業庁ではこの勉強会をきっかけに、2014年度の

補正予算に、ＴＣＩをモデルとした中小企業の海外展開支援プログラムを盛り込みます。このプログラムの名は、「ネクスト・マーケットイン」事業。ＴＣＩ研究所は、このプログラムの運営とコーディネートを行う事業者として応募し、見事にその一社に採択されます。そして海外展開を志す約15社を、バイヤーやデザイナーといった海外の専門家とつなぎ、さまざまなアドバイスを行う役割を担いました。

これを機に、ＴＣＩ研究所のミッションは一躍スケールアップしました。そして私たちは、これまで「日吉屋メソッド」と呼んできたものを、新たな決意をもって、２０１４年以降「ネクスト・マーケットイン」メソッドと呼ぶことにしました。現在私がとくに力を入れて取り組んでいるのは、このメソッドを身につけた地域プロデューサーを育成することです。私一人が動ける範囲には限りがありますが、地域プロデューサーが全国各地に増えれば、支援できる企業の数もねずみ算式に増えるというわけです。

私たちはこの地域プロデューサーを、「ジャパンブランドプロデューサー（ＪＢＰ）」と呼ぶことにしました。ひとりのＪＢＰが、10社程度が参加する海外プロジェクトを年間３件運営するかたわらで、将来ＪＢＰを目指す予備軍的人材が、アシスタントとしてその仕事ぶりを実地で学び、次年度にはメインプロデューサーの立場となってプロジェクトを仕切る、というのが私たちの描くスキームです。そうすると、初年度から8年経つ頃には、ＪＢＰは１００人を超え、支援できる企業数は3千の大台を突破する計算になります。支援できる業種も、JBPの持つ知見・経験次第で、インテリアや食、ファッション、コンテンツと限りなく広がっていくでしょう。

TCI研究所は、このスキームを実現するために、これまで温めてきた「ネクスト・マーケットイン」のメソッドが広く普及するよう言語化することに取り組んできました。この書籍もまた、そんな取り組みの中から生まれた産物なのです。

支援企業の中には、さまざまな方がおられます。斜陽産業で、もう仕事もない、後継者もいない、自分が人生の数十年かけて取り組んできたことは、そんなに無意味で無価値なものだったのか。そんな鬱屈を抱え暗い表情で相談に来られた方が、TCI研究所での活動を通じてヒット商品を生み出してから大きく変わられ、ヨーロッパのクリエイターたちに「レジェンド」と呼ばれる人気者になってしまったケースもあります。私はひとりでも多くそんな人を増やしたいのです。

29歳で日吉屋に入社した時は、このように自分が人様の支援をするなどとは想像もしていませんでした。当時は目の前の仕事に取り組むのがただ楽しく、日々追われてもいました。しかし私も40歳を迎え、人生の折り返し地点を越えました。あと元気に働けるのはせいぜい20数年だと思うと、もうひとつ上のレイヤーの価値創造に挑みたいという気持ちが強くなったのです。

日吉屋が作り上げたノウハウを活かし、京都だけでなく全国各地でこのような取り組みが広がれば、外貨も稼げて、雇用も生まれ、貴重な技術の継承にもつながります。まさにメーカー、中間業者、消費者、行政（地方・国）にとって、「四方よし」が成り立つのではないでしょうか。

そのために私は、これまで培ったノウハウをすべてオープンにし、みなさんに活用していただきたいと思っています。そうやって海外に進出していく仲間が増えることで、お互いに切磋琢磨でき、私たちのメソッドもアップデートを繰り返していけるでしょう。

まだまだ知られていない日本の宝を、世界へ

ここで、日本の伝統工芸界が「ネクスト・マーケットイン」を取り入れることによる、可能性の広がりについて考えてみたいと思います。

グローバルに考えグローバルに展開していくことは時代の流れですが、モノも情報もあふれ返る中で競争力を保ち、人に選ばれるのは簡単なことではありません。しかし、私からすれば日本は、まだまだ世界に知られていない「いいもの」がたくさん詰まったガラパゴス諸島のようなものです。

世界観光機関により発表されている「世界観光ランキング」で、実際にその国を訪れた人の数を見ると、日本は２０１５年実績で16位です。国を挙げてのインバウンド誘致により、この

2〜3年で訪日者数は増えてはいますが、1位のフランス、2位のアメリカ、3位のスペインなどに比べると、まだまだ少ないと言わざるをえません。

私が出張などで外国に滞在していても、その国のテレビ、新聞、雑誌などで日本の記事を見ることはごくまれですし、インターネットの世界を見ても、使用言語は圧倒的に英語と中国語であり、日本語の情報量はアラビア語やポルトガル語よりも順位が下です。しかも、日本語サイトを読んでいるのは、ほぼ日本に住む日本人でしょう。

このように、日本は世界的に見て人口は多く、経済規模も大きい割には、国外に対して情報が発信されておらず、訪問する人も多いとは言えません。つまり、私たちが思うほど日本は世界に知られていないということです。

国内メディアの情報にだけ触れていると、あたかも「クールジャパン」や「Made in JAPAN」が世界で注目され、称賛されているかのように思うことがあるかもしれません。しかしこれまでさまざまな国に渡航してきた私の目からすると、それはごく一部のわずかな現象にすぎません。

しかしそれだからこそ、日本のものづくり中小企業はまだまだ海外で躍進する余地があるのです。

日本には世界有数の最先端テクノロジーがありながら、一方で100年以上続く会社は2万社を超えています。衰退しつつあるとはいえ、先進国の中で手工業がこれほど生き残っている国は少ないでしょう。韓国銀行の調査によると、創業２００年以上の企業が世界に５５８６社あるうち、その半分以上を日本の企業が占めるそうです。

その理由として、日本文化の中では先祖を大切にしたり、受け継いだ伝統を守り伝えることが尊ばれてきたことも大きいでしょう。それに加えて、オーバースペックではないかと思われるほど丁寧な仕事をし、常にマニアックなまでに技術を磨き上げることを美徳とする、日本の職人気質も見逃せません。

これはある種、日本では「当たり前」とされている感覚ですが、一歩日本の外に出れば、決して当たり前ではなく、むしろ少数派の価値観だということがわかります。そんな特異な価値観によって、提供する商品、サービス、技術などを、よそにはまねできないレベルにまで極めていったのが、今なお続く日本の「老舗」でしょう。

まだ知られていない日本の伝統の技、世界をあっと驚かせるようなハイレベルなものづくりが、世界に広く知られるきっかけとして、２０２０年東京オリンピックがあります。世界から人が集まり、ソーシャルネットワークで情報がどんどん拡散することで、「日本のものを暮らしに取り入れてみよう」と思う人の数が増えるでしょう。その時に、私たちのような伝統の担い手が、いかにしてこれまでにない発想で、今の暮らしに合ったものを、世界に向けて提供できるか、そのことが問われているのではないでしょうか。

日吉屋でできたことは、すべての中小企業でできる

初めは、資金もない中でのスタートだった

ここまで読まれて、「日吉屋は特別だ、恵まれたケースだ」と思われる方がいらっしゃるでしょうか。私は「日吉屋でできたことは、すべての中小企業でできる」と考えています。そう言い切れるのは、私たちが資金も人脈も商品開発のノウハウも、なにもない中からスタートしているからです。

私が入社した当時の日吉屋は、どん底は脱していたとはいえ、それでも年商はやっと1千万円台。先代からの借金がまだ相当額あって、その返済もしていましたから、和傘を照明に転用しようと考え、開発資金の借り入れを地元の金融機関に申し込みに行った時も、わずか100万円、200万円の融資さえ断られるありさまでした。つまり「ここはいずれ潰れる」と烙印を押されていたわけです。しかししばらくして「古都里」がヒットし、メディアに取り上げられるようになると、今度は逆に金融機関の方から「お金を借りてくれ」と言ってこられるので、さすがに私も苦笑いしてしまいましたが。

思い起こせば、2004年に「古都里」開発に挑んだ時は、まだ公的補助金を活用していま

せんでした。日吉屋が公的補助金を受けたのは、２００６年に海外出展をした時が初めてです。私は前職が公務員という立場で、補助金に依存している業界団体を多く見てきたせいもあって、どこか抵抗があったのだと思います。ですから最初は、自分の退職金や貯金を投じ、１円でも売上を増やそうとネット通販に力を入れたりしながら、なんとか資金を捻出していました。それでも足りない分は、借用書を書いて親戚に頭を下げ、お金を用立ててもらったりもしました。

年商が１千万円台なのに、「古都里」の開発には何百万と投資していましたから、会社の会計を預かる妻とは、毎日喧嘩ばかりしていたように思います。それでも私は、「これはいつか絶対に売れる」という自信がありました。その「根拠のない自信」こそ、私の強みと言えるかもしれません。

持って生まれた楽天性もあるかもしれませんが、私のその「根拠のない自信」や「自己肯定力」を養ってくれたのは、まず第一に育った家庭のおかげであり、その次に合気道の影響も大きいと思います。合気道と出会ったおかげで、学校では知りえなかったような多様な生きざまに道場で触れたこと。その後カナダで遊学の月日を過ごす中で、さまざまな国からやってきた人々と出会い、彼らが味わってきた祖国での過酷な経験や、人生の選択肢の少なさを知ったこと。それらは私の人生観に大きな影響を与えました。

お金もなく、成功するという保証もない中で、チャレンジできたのは、それらの経験を通じて、「こんなにも恵まれた日本で失敗したって、死ぬわけじゃなし」という心境に自然となれたからだと思います。

ビジネスはすべて「人」が作る

人脈についても同様です。最初はデザイナーやプロデューサーの知り合いも皆無でした。新商品開発について相談すべく、プロデューサー島田昭彦さんに会いに行ったのは、たまたまその前に、ある異業種交流会で島田さんと名刺交換をしていたからでした。日吉屋に入社した当時の私は、「和傘を世界で売りたい」という漠然とした野望だけがあり、まだ明確なビジョンも方向性も定まっていない状態でしたから、「何かいいことはないか」という気持ちで、よく異業種交流会を覗いていたのです。

しかし、自分の進むべき方向性が定まってくれば、やみくもに出会いを求めてそのような場に行く必要はなくなります。島田さんにデザイナー長根さんをご紹介いただき、「古都里」を完成させて国内外の展示会に出るようになると、おのずと出会いが出会いを呼んで、ご縁がつながり広がっていきました。

私が強調したいのは、そのご縁がつながり広がっていく段階で、こちらの人間性を信頼し、事業の理念に共感してもらうことの大切さです。すべてのビジネスの基本は人間関係にあります。国内であろうと海外であろうと、英語が得意だろうとそうでなかろうと、その点は変わりません。ですから私は、取引先や関係者と積極的に食事やお酒をともにし、お互い心を開いて付き合うことを大切にしています。ビジネスと割り切った付き合いからは生まれえない、本音のコミュニケーションがそこにあり、そんな体温の通った人付き合いこそが、ビジネスを成長させてくれるからです。

日本の伝統技術を世界で売るというビジネスを成功させるのに、特効薬はありません。それを主導する人間が、いかに情熱をもって、あきらめずに取り組めるかだと私は思います。リーダーひとりにできることは限られていますから、社内外の人間をいかに巻き込みプロジェクトを成功に導いていくかを考えなくてはなりません。

何かしら自社に、よそにはまねできないオンリーワンな商品や技術があり、そこに自信が持てるのならば、そしてたとえ市場はニッチであっても、その商品や技術の魅力を理解してくれるユーザー層が少数でも存在するのであれば、あとはそのターゲットにどうアプローチするかです。そこで先導役は走るべき方向を定め、暗闇の中でも遠くのお客様に見つけていただけるように、自らの存在を最大限輝かせなければなりません。自らの人間性をすべて注ぎ込んで、目標や理念を高々と掲げ、世界に対して「我々はここに、こうやって存在しています」と全身全霊で訴えかけるのです。

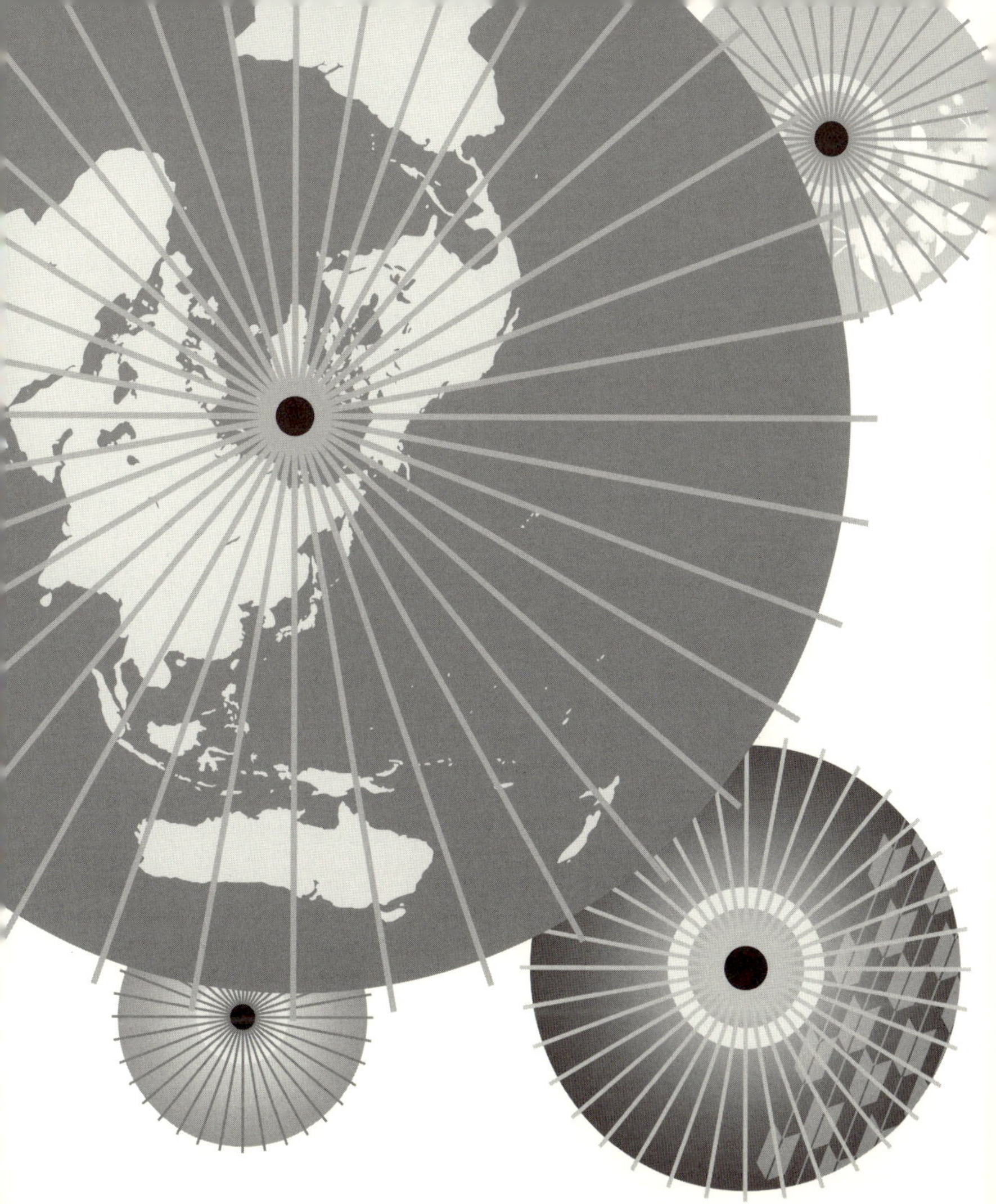

第 2 章
海外展開の前にすべきこと

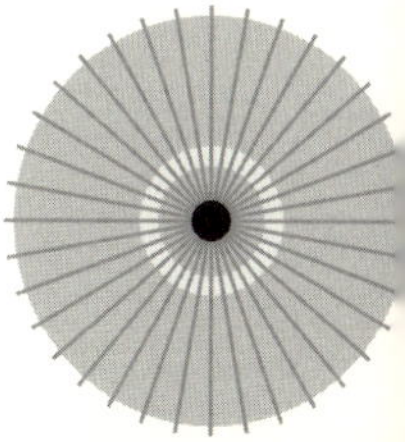

まずは自社の可能性を探ろう

自社の存在価値の洗い出し

第2章では、日吉屋が培った「ネクスト・マーケットイン」のメソッドを、他のものづくり企業に応用する上で、知っておいていただきたいことを書きたいと思います。前章で私は「日吉屋でできたことは、すべての中小企業でできる」と書きました。ふだんTCI研究所のコンサルティングやセミナーでお伝えしていることを、こうして本にまとめることで、今後日本から世界へ、ひとつでも多くのブランドが羽ばたいていく一助になれば、私にとってこんなうれしいことはありません。

海外展開を志すなら、まず最初に取り組んでいただきたいのは、経営の棚卸とでも言うべき作業です。これは何も伝統工芸の世界に限った話ではありません。何の業種であれ、あなたの会社がブレイクスルーを必要としているならば、海外展開をする、しないはさて置いても、まず、とことん自社の価値を見つめ直してください。あなたの会社が持っているコアコンピタンス（強み）は何で、あなたの会社の存在価値はどこにあるでしょうか。

日吉屋を例にとれば、それは「京都で唯一現存する、和傘の製造技術を持った工房であること」でした。つまり竹組の意匠を操って折りたたみできる構造を作り、手漉き和紙と組み合わせ、傘にして提供できることです。同時に、江戸時代から続く歴史ある老舗であるということも、私たちの強みです。しかし現状を見れば、国内ではただでさえ人口減や高齢化が進む中、ライフスタイルの変化とともに和装離れに拍車がかかるばかりです。従来の和傘だけでは、社会に提供できる価値は今後小さくなっていく一方なのは明らかでした。だから私たちは「古都里」を作って世界で販売しようと決めたのです。

自社のコアコンピタンスを見つめ直し、自社が置かれている現状を把握したうえで、次にすべきことは、企業理念とものづくりのコンセプトを明確にすること。商品開発に着手するのはその後でいいのです。

明確な企業理念を打ち立てる

前章でも触れたとおり、日吉屋は社内改革に当たって、「伝統は革新の連続」という企業理念を掲げました。そしてものづくりのコンセプトは「老舗ベンチャーとして、和傘の製造技術を使って現代の暮らしに役立つものを作る」ことです。企業理念が、その会社が追求すべき理想、「向こう100年はこの姿勢でやっていくんだ」という強固な意志をもったものだとすれば、コンセプトはその理想にぶれずに向かっていくための道しるべです。

つまり、企業理念はその会社が世の中にどんな価値を提供したいのか、その会社の存在意義が何なのかを言い表したフィロソフィーの発露だとも言えます。私の経験からすると、ヨーロッパなど長い歴史を持つ国々に乗り込んでいくには、この「思い」の部分が常に問われていると感じています。それらの国々の人々は、日本のような独自の歴史を持つ国に対する興味や敬意があり、その文化的背景を理解したいという思いを強く持っています。展示会で出会うバイヤーにしてもプレスにしても、「どんな思いでこれを作ったのか」「何のためにここまでやって来たのか」という根本的な質問を浴びせてきます。そこで存分に答えられないとか、そんなこと考えたことがない、というようでは話にならないでしょう。

しかし、かつての日吉屋もそうでしたが、長く続いてきた老舗にはこの企業理念がしっかり言語化されていないケースが多く見受けられます。気づけばなんとなくここまで続いていた、ということなのでしょうが、今の情報化社会でそれは通用しません。それに、そんな企業も突き詰めて考えれば、ただ「食っていければそれでいい」というだけではないはずで、自分たちの信じる価値があるからこそ情熱も注いできたはずです。

私がTCI研究所で行っているセミナーでは、この強みの発見や企業理念の言語化のために4~5人でグループワークを行うことがありますが、結構いろいろなアイデアが飛び出して面白い場になります。自社だけで考えていたら気づかなかったような強みが、外の視点から見ると見つかったりするのです。

次にものづくりのコンセプトですが、私たちは前述のとおり「老舗ベンチャーとして、和傘の技術を使って現代の暮らしに役立つものを作る」ことを掲げています。

ここで話は少しそれますが、和傘の種類の中に「番傘」と呼ばれるものがあります。番傘の「番」という語は、「おばんざい」や「番茶」などにも使われているように、「日用の、ふだんの」という意味を含んでいるそうです。つまり番傘は庶民がふだんの暮らしで使う傘だったわけですが、今ではすっかり、保護対象の絶滅危惧種のような存在と化しています。

しかし「傘」の存在を因数分解してみた時、それはいわゆる雨よけや日よけにさす、あの傘だけではないはずです。遠く奈良時代には魔除けや宗教儀式に使われる道具でしたし、時代が下った今、マンションのリビングの電灯を覆う「古都里」もまた傘です。私には「古都里」こそ現代の番傘ではないかという思いさえあるのです。

現状とゴールにある落差を埋める工程を考える

前章、「古都里」開発が始まった時のエピソードで、照明デザイナー長根寛さんの企画書をきっかけに、世界を視野に入れたロードマップを描いたことに触れました。そのロードマップを改めて整理すると、以下のようになります。これを見れば、現状とゴールの間に、どんな落差が横たわっているか、どういった課題を、どんな順番でクリアしていかなければならないかが一目瞭然です。

①可能性を探る

現状を把握し、できること、できないことを洗い出す。

クリアすべき課題　海外事業にトライする意思を明確にし、社内体制を整える。

②和傘の技術を活かしたデザイン照明に特化

日吉屋にしかできない技術を用いて、まだ市場に存在しないニッチなデザイン照明を開発する。

クリアすべき課題　優秀な外部クリエイターの力を借り、和傘のルーツに根ざした、驚きのある美しいデザインにたどり着く。

③営業方針

伝統工芸の良さを暮らしに取り入れたいと考える、経済的に中級レベル以上の層をターゲットに定める。ただし、取り扱い1店舗で月1〜2個程度しか売れないようなニッチ商品になるであろうから、取扱店を増やすしかない。例えば全国の県庁所在地に販売店網を広げることができれば、50店×2個=１００個／月が可能になる。

クリアすべき課題　国内の「お墨付き」を得るべく、グッドデザイン賞を獲得する。

④海外に進出しグローバルニッチで展開

デザイン関連見本市へ出展し、代理店を開拓。100個／月売れる国が10ヶ国になれば100個×10ヶ国＝1千個／月が可能になる。

クリアすべき課題　必要に応じて、製品開発に海外バイヤーの意見を取り入れることで、現地マーケットにふさわしいローカライズを行う。

⑤ブランディング方針

デザイン照明としての付加価値を最大限に高める努力をする。

さらに、デザインの本場であるヨーロッパで評価された実績を、日本を含むアジアや北米、中東など、その他の国・地域へ拡散する。

クリアすべき課題　国内外でメディア露出を高め、日吉屋にしかない魅力的なブランドストーリーを訴求する。

当時の日吉屋は、デザイン照明という分野にようやく足を踏み入れようとしていたところで、サッカー選手にたとえるなら、まだまともにボールも蹴れていないような状態。それがJリーグに出て勝ち、ワールドカップ出場をめざそうというようなものだったかもしれません。

しかしゴールを設定し、それに向けて乗り越えるべきハードルをひとつひとつ可視化していけば、それがいかに壮大な計画であっても、単なる無謀な夢物語ではなくなります。掲げた目標のために、今年は何をするべきで、来年は何をするべきなのか具体的にイメージすることが大切なのです。漠然と「いつかやれたらいいな」と思っていても、日々の忙しさに流されて何もできないで終わってしまうのが落ちでしょう。

こうして我々も遠いゴールを見定め、職人、デザイナー、プロデューサーという社内外の混成チームで開発プロジェクトをキックオフしたのです。

めざすは「グローバルニッチトップ」

あなたの会社が「世界でオンリーワン」になれる場所とは

モノや情報がグローバルかつスピーディに世界を行き来する中、これからのものづくりは、誰もやっていないことにチャレンジしてこそ価値があります。誰でもできることを、人件費の高い日本でわざわざやることにどれほどの意味があるでしょうか。やはり「世界の中でオンリーワン」あるいは「圧倒的なオリジナリティ」という立ち位置をめざすべきです。

これは決してあなたの会社の製品に、「ノーベル賞クラスの発明」「特許ものの技術」「世界で認められた芸術性」がなければ海外進出できないと言っているのではありません。競合がゼロか、あるいはほとんどないようなニッチなジャンルを見つけ、そこに興味を持つ顧客層に訴求することができれば、途端にあなたの会社はそのジャンルのトップシェアを握ることになります。

昨今では、このようなニッチな分野にフォーカスし、顧客の特殊なニーズ・嗜好に応える高付加価値な商品を提供することで、国内外で成功している中小企業を「グローバルニッチトップ企業」と呼んでいます。

日本では2014年に経済産業省が「グローバルニッチトップ企業100選」を発表していますが、その内訳を見れば、今はまだ機械・電子関係のBtoB型が多いことがわかります。しかし今後は、日吉屋のような小さなメーカーでも、BtoBからBtoCまで対応できるデザイン性の高い消費財を扱い、グローバルニッチトップに駆け上がれる可能性は十分あると思います。

たとえば日吉屋の照明器具は、「照明」という大きいカテゴリーで見れば、世界中に数えきれないほどの照明メーカーが大小ひしめき合う中で、そのシェアはわずか0・00001%以下。しかし、「和傘のように開閉できる伝統工芸のデザイン照明」というジャンルでは、世界でほぼオンリーワンです。そして、大企業が見向きもしないような規模のニッチ市場でも、グローバルで見れば相当数のお客様がいると考えられます。

この「伝統工芸のデザイン照明」というニッチな市場の顧客層（つまりターゲット）とは、その商品デザインやブランドストーリーに唯一無二の魅力を感じるならば、10万円でも100万円でも手に入れたいと思うし、逆に魅力を感じなければたとえ1円でもいらないという思考の持ち主です。つまり競争相手がいない代わりに、そんなこだわりの強いターゲット層にいかにアピールできるかが勝負となるでしょう。

あなたの会社の作るものが、たとえ1万人にひとりしか反応しないようなものでも、そのたったひとりが、熱狂的に「ほしい」と思ってくれるならば、世界70億人を見渡せば、約70万人の潜在顧客がいることになります。

1千円のものを10万人に薄利多売しても1億円、10万円のものを1千人の熱心な顧客に売っても1億円。数字の上では結果は同じです。ニッチ市場で強力な存在感を発揮して、高付加価値な商品を提供することは、限られたリソースで闘わねばならない中小企業の進むべき道だと言えるでしょう。

欧州市場進出による、Jターン・Uターン効果を狙う

では日吉屋のようなものづくり企業が、グローバルニッチトップの座をつかむためには、ま

ずどこの市場をめざすべきでしょうか。私はそれは欧州市場だと思っています。

まず第一の理由に、「グローバルスタンダードへの適応」が挙げられます。やはり消費財におけるグローバルスタンダードを作っているのは、主にヨーロッパ文明にルーツを持つ欧米各国です。欧州に適応した商品を作ることによって、のちに他の地域へ進出していくことも容易になります。

第二の理由は高所得国が多いことです。2016年のIMF統計による、1人当たり購買力平価GDPランキングを見れば、ルクセンブルグ、ノルウェー、アイルランドを筆頭に、西欧15ヶ国が日本より上位に名を連ねています。

日本の伝統技術を活かして国内で作られるものは、その最終製品が何であれ、どうしても高級品にならざるを得ません。たとえば日吉屋の「古都里」は、今も職人の手仕事で作っています。ひとつ作るのに1~数週間もかかってしまう和傘とは異なり、木型や金型も使って工程を効率化してはいますが、それでも慣れた職人が1日4個作るのがやっとというスローペースですから、ましてや、海外で売るとなれば、国内の売価にさらに諸経費を上乗せする必要がありますから、それだけの購買力を持った人々のいる国をめざさなくてはなりません。

第三の理由は、欧州で成功すれば世界的に通用するブランドを確立できるからです。インテリアやファッションなどライフスタイル・カルチャーのトレンドをリードしているのは、フランスをはじめとする西欧諸国です。西欧市場への進出成功で得られるブランドイメージは、73頁の図に示すように世界最大の北米市場や、急成長する中東・アジア新興国市場へのJターン効果を生み、さらに国内市場にフィードバックするUターン効果も期待できます。実際に日吉屋でも、海外でのデザイン賞やメディア露出が功を奏して、国内の有名ホテルや商業施設から特注照明のオーダーが入った事例には事欠きません。

日本は人口減と高齢化が進んでいますが、目を海外に転じれば世界人口は増加しています。またGDPは高所得国だけでなく、上位中所得国、下位中所得国で右肩上がりの成長を続けており、各国で桁違いに裕福なVIP層が生まれていることも、見過ごしてはならないでしょう。「中小企業の活路は海外にあり」というのはこれらのような理由からなのです。

社内体制を構築する

ビジョンを共有するチームを作る

プロジェクトが動き出す前には、社内体制を整える必要があります。「世界で売る」というゴールをめざすには、トップに立つ人間のリーダーシップや情熱が大事なことは言うまでもありません。しかし社長ひとりが先走ってしまい、スタッフがそのビジョンを理解していないとい

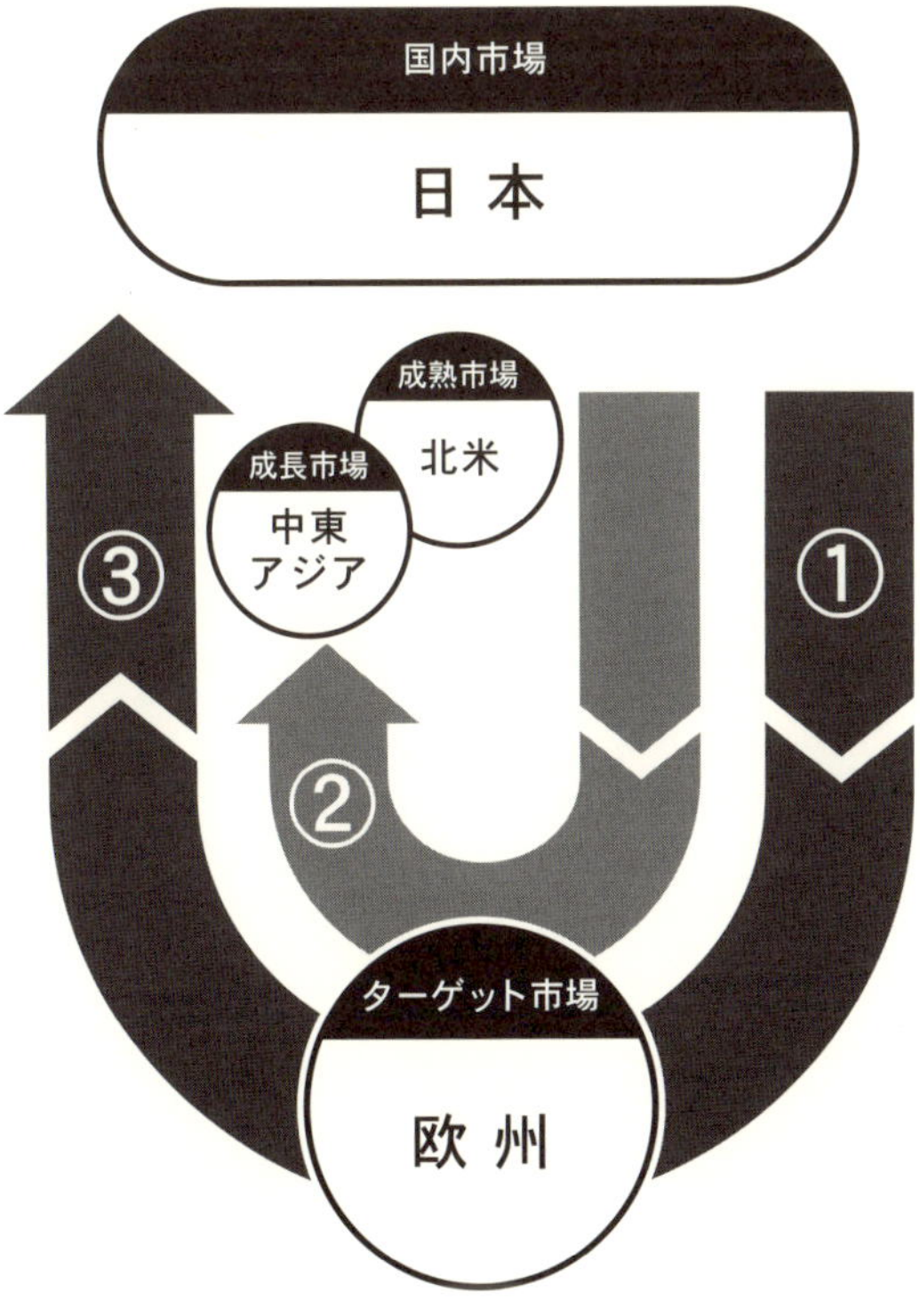

① ターゲット：欧州市場（ブランドイメージ、付加価値向上）

② J ターン：成長市場（VIP、成熟市場）

③ U ターン：国内市場（ホームグラウンド、インバウンド、最も力を発揮しやすい）

欧州市場進出により生まれたブランドイメージの J ターン、U ターン効果

うケースも、実際には多く見受けられます。

とくに日々そこそこ仕事が回っている企業でありがちなのが、「今も忙しいのに、売れるかどうかもわからないこんなことを、なぜやらなきゃいけないんだ」とスタッフが感じてしまうケースです。トップにはそんな否定的な空気を打破し、スタッフの心に火をつけモチベートするだけの「思い」が必要です。

企業理念を共有することの大切さには、すでに何度となく触れてきましたが、やはり社内の空気を作るのは、何気ない毎日の積み重ねです。もし新しいスタートに当たって企業理念の再設定が必要なら、社内外の身近な人の意見を聞き、一緒に考えてみるのもいいでしょう。新しい考え方や外からの視点を柔軟に取り入れながら、うまく周囲を巻き込み、自社にふさわしい経営理念の浸透に、気長に取り組むことです。

日吉屋がデザイン照明の開発を始めた時は、スタッフといっても妻と新しく雇った職人の2人がいるだけでしたが、やはり2人も私のやろうとしていることを、懐疑的な目で見ていたと思います。それでも私は、我々の製品の美しさや魅力をわかってくれる人は絶対にいる、これは間違いなくチャレンジする価値がある、と言い続けました。

今にして思えば、自分で自分に言い聞かせていたような部分もあったかもしれません。かつて10代の頃、合気道の先生に言われていたのは「言霊《ことだま》はある」ということ、つまり「絶対大丈夫、できる」と言葉に出して言い続けていれば本当にそうなる、ということでした。そんな精神論はあてにならない、と思われるかもしれませんが、突破力のある企業のトップとは、たいていどこかそんなクレイジーなほどの信念を持っていて、それが周囲に伝播していくのではないかと思います。

一方で、トップがスタッフから担当者を選んで責任者に任命し、新規事業開拓を任せる場合は、上層部はその人が孤立しないようにフォローやケアをしっかりする必要があります。ただ上から丸投げするだけでは、物事はうまく行きません。

そしてプロジェクトリーダーの下に、ナンバー2としてマネジメントに長けた人を配しておければ、なおいいでしょう。リーダーとなる人間はたいてい忙しく、統率力はあっても事務的なことは抜け落ちてしまうことも多いものです。そこでナンバー2は、案件の進行スケジュールや予算の管理、各種渉外を行い、適切にプロジェクトが進捗するようコントロールします。このような立場は、昨今ではプロジェクトマネージャー（ＰＭ）と呼ばれ、その重要性に光が当たっています。

3年のロードマップを描く

私たちＴＣＩ研究所では、海外展開を考える企業に対し、向こう3年のロードマップを描くことをおすすめしています。これは言い方を変えれば、最低3年は途中で投げ出さずに、必死で取り組んでほしいということでもあります。とくに中小企業の場合は、経営者の情熱や忍耐が、事業の成否に直結します。トップが自ら改革を主導し、責任を負うことを明言してください。

では3年のロードマップとはどんなものでしょうか。まず最初の1年は、自社の強みを見つめ直し、市場をリサーチした上で、自分たちが作るべきものや取るべき戦略を見定めて、プロトタイプ（試作品）を作るフェーズです。デザイナーなど外部クリエイターの力を借りるのであれば、誰に依頼するのかも考えなくてはなりません。デザイナーとの出会い方や仕事の進め方については、のちの第4章で触れることにします。

この時、だいたい1年後にある国内外の展示会を調べて、自分たちのプロトタイプをどこに出展するか、決めてしまうといいでしょう。展示会の日程はずらせないので、否応なしにプロトタイプを間に合わせなくてはいけなくなります。締め切りがあることで、関わるスタッフも本気にならざるを得ません。

初めての展示会は国内のものでもいいのですが、私たちTCI研究所が行っている海外進出支援プロジェクトでは、最初から海外の展示会に打って出ます。支援企業の中には、すでに海外展示会を経験しているところもありますが、中には国内の展示会にすら出たことがないのに、いきなり海外展示会からデビュー、というメーカーも少なくありません。しかし、海外の展示会で評価された実績を持って帰れば、前述のようなJターン、Uターン効果で、国内のバイヤーとの商談にも追い風になります。

さて、初めての展示会出展を果たした後、すぐに実取引につながり売上が上がれば理想的で、言うことはありません。しかし、バイヤーの厳しい目にさらされると、プロトタイプの問題点が見えてきます。「きれいだ」「立派だ」「すごい技術ですね」と称賛されても、受注につながらないのであれば、どこかに改善すべき点があるはずです。目の肥えたバイヤーの意見を聞き、積極的にその改善点を探ってください。自社の製品が否定されたように感じて、自信を失いそうになるかもしれませんが、そのつまづきこそ学びの宝庫です。落ち込んでいる暇はありません。

続く2年目3年目は、展示会で得た気づきをもとに、最終製品へとブラッシュアップするフェーズです。初めての展示会は国内だったという企業も、海外進出を考えるなら、この時期に海外の展示会に積極的にチャレンジしてください。海外で自社製品をプレゼンテーションし、商談やアフターフォローの実戦経験を積むことです。海外展示会では、開発段階では見えていなかった課題がさまざまな形であぶり出されます。技術的な困難にぶち当たったり、原価とのせめぎ合いに苦しみながら、なんとか解決策を見つけ出さなくてはなりません。年に1～2回の展示会出展を続けながら、市場ニーズを見極めてローカライズをほどこし、製品の魅力を磨き上げてください。

私がこの時期にぜひおすすめしたいのは、進出したい国の市場ニーズ、商習慣、法令などに精通しているバイヤー（あるいはバイイングビジネス経験者）と、定期的に連絡を取り合える関係を築き、コミュニケーションをできるだけ深めることです。これによって、最終製品がクリティカルヒットを生む可能性は各段に上がります。これは「ネクスト・マーケットイン」メソッドの肝となる部分であり、詳しくは次章で述べたいと思います。

そうやって製品の完成度を高めるのと同時進行で、ブランディングやPRについても考えていきます。国内外で通用するネーミング（商標）を考え、ブランドアイデンティティとなるロゴを作り、ウェブサイトやパンフレットといったツールを駆使して、3年目に入るあたりから、強力なブランドストーリーを世界に発信していく準備をします。ブランドの顔となる代表者なり責任者のパーソナルブランディングも重要です。当然のことながら、ウェブサイトやパンフレットが英語対応であることは必須です。このブランディングに関してはのちの第5章で触れることにします。

こうして丸3年が経ったあかつきには、安定した実売へ、というのが、私が考える最適なロードマップです。3年経っても安定した実売に漕ぎつけないようだと、いつまで経っても赤字

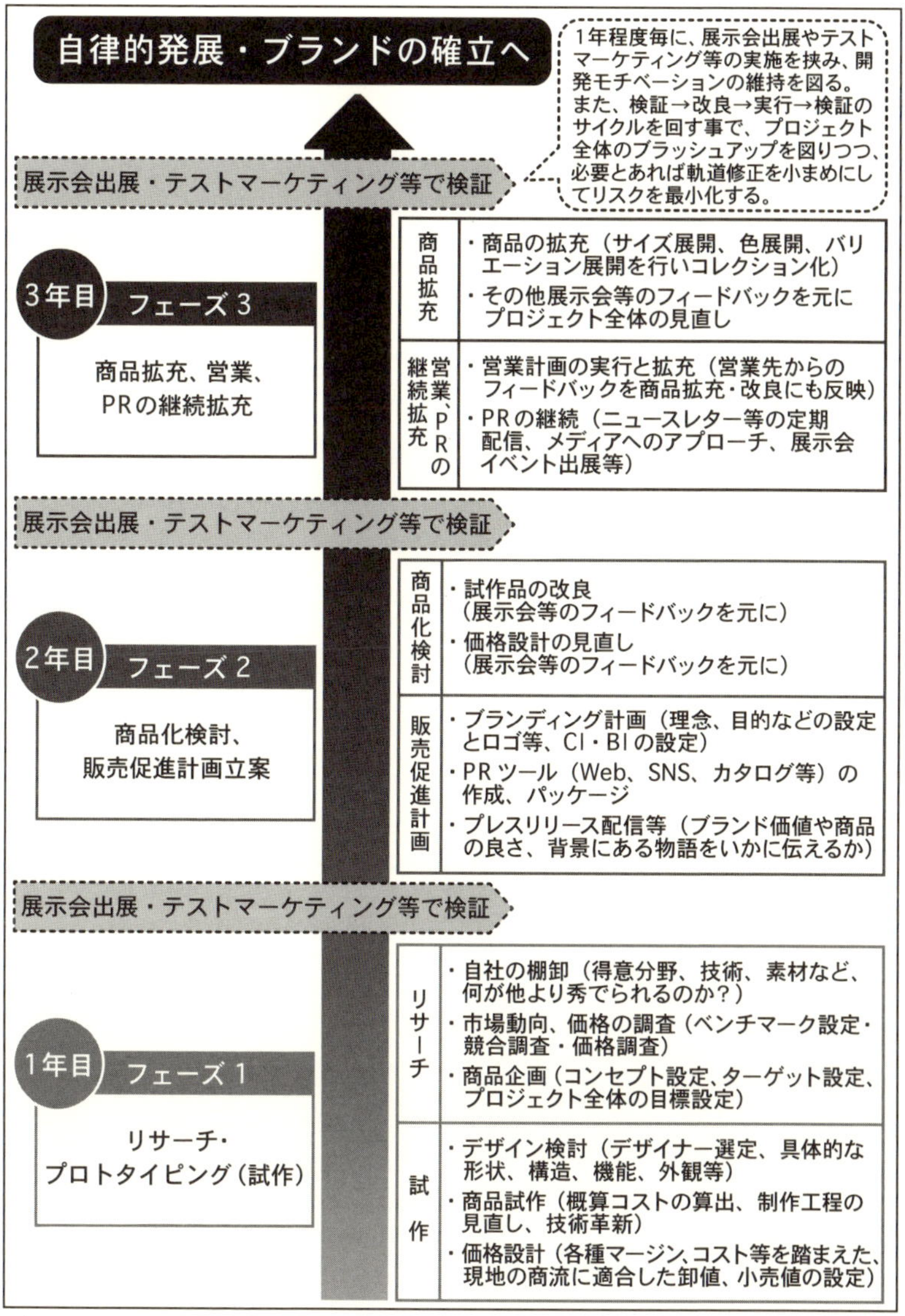
自律的発展・ブランドの確立へ
1年程度毎に、展示会出展やテストマーケティング等の実施を挟み、開発モチベーションの維持を図る。また、検証→改良→実行→検証のサイクルを回す事で、プロジェクト全体のブラッシュアップを図りつつ、必要とあれば軌道修正を小まめにしてリスクを最小化する。
展示会出展・テストマーケティング等で検証
3年目
フェーズ3
商品拡充、営業、PRの継続拡充
商品拡充
・商品の拡充（サイズ展開、色展開、バリエーション展開を行いコレクション化）
・その他展示会等のフィードバックを元にプロジェクト全体の見直し
営業、PRの継続拡充
・営業計画の実行と拡充（営業先からのフィードバックを商品拡充・改良にも反映）
・PRの継続（ニュースレター等の定期配信、メディアへのアプローチ、展示会イベント出展等）
展示会出展・テストマーケティング等で検証
2年目
フェーズ2
商品化検討、販売促進計画立案
商品化検討
・試作品の改良（展示会等のフィードバックを元に）
・価格設計の見直し（展示会等のフィードバックを元に）
販売促進計画
・ブランディング計画（理念、目的などの設定とロゴ等、CI・BIの設定）
・PRツール（Web、SNS、カタログ等）の作成、パッケージ
・プレスリリース配信等（ブランド価値や商品の良さ、背景にある物語をいかに伝えるか）
展示会出展・テストマーケティング等で検証
1年目
フェーズ1
リサーチ・プロトタイピング（試作）
リサーチ
・自社の棚卸（得意分野、技術、素材など、何が他より秀でられるのか？）
・市場動向、価格の調査（ベンチマーク設定・競合調査・価格調査）
・商品企画（コンセプト設定、ターゲット設定、プロジェクト全体の目標設定）
試作
・デザイン検討（デザイナー選定、具体的な形状、構造、機能、外観等）
・商品試作（概算コストの算出、制作工程の見直し、技術革新）
・価格設計（各種マージン、コスト等を踏まえた、現地の商流に適合した卸値、小売値の設定）
3年のロードマップ

を垂れ流すばかりとなり、社内のモチベーションを維持するのがむずかしくなるでしょう。

そしてこの3年のワンサイクルを経たその先は、製品や業種にもよりますが、おそらく商品ラインナップ拡充のフェーズへと入っていくことが必要となるでしょう。そして、この2期目のサイクルで忘れてはならないのが次世代育成です。1期目のサイクルで得た成功体験やノウハウを、また別の人材に体験させ、実地で学ばせることで、海外事業に関わるチームが充実していきます。

公的支援の活用法と注意点

日本ほど公的支援に恵まれている国はない

プロトタイプを作り、展示会に出るということは、これまでにない出費が生じることでもあります。海外展示会に出るなら、9㎡程度のほぼ最小サイズのブースだとしても、出展費、ブース装飾、商品輸送費、通訳、担当者出張滞在費など合わせると、あっという間に150〜200万円以上の金額がかかってしまいます。中小企業にとってはその資金調達は容易なことではありません。そこで活用したいのが国や地方自治体による公的支援です。日吉屋も、これまでにJETROや経済産業省、中小企業庁、近畿経済産業局などから海外進出支援事業として採択していただき、海外展示会への出展を果たしてきました。

たとえば日吉屋が２００８年に、初の海外展示会であるフランスの「メゾン・エ・オブジェ」に出た時は、公募で選ばれた10社による合同出展でした。１社あたりの自己負担金は、たしか25万円ほどで、それで渡航・滞在からブース設営までお膳立てしてもらえたのですから、右も左もわからない当時の私にはありがたい話でした。

また海外展示会に出る時だけでなく、製品開発に対して支給される補助金もありますし、製品開発に精通した人材を外部コンサルタントとして派遣してくれる制度もあります。日吉屋では、「地域産業資源活用事業計画」の認定を受け、この認定による補助金を新製品「ＭＯＴＯ」の開発や各展示会への出展に活用させていただきました。私たちＴＣＩ研究所が行っている海外進出支援プロジェクトも、行政から委託を受けて行っている事業ですので、参加企業は公的支援を受けている立場となります。このように、活用できる公的支援は、自治体や年度によってもさまざまに異なるので、まずは最寄りの行政あるいは支援機関の窓口に相談に行かれることをおすすめします。この本の巻末に、支援機関の一覧を掲載していますので、参考にしてください。

私がヨーロッパ各国で、こういった公的支援の話をすると、誰もが口を揃えて「うらやましい」と言います。私の知る限りでは、どうやら日本ほど中小企業に対する公的支援が手厚い国はないようです。ぜひ海外進出の足がかりとして積極的に活用したいものです。

とはいえ、もちろんそれら助成金の財源は税金です。だからこそ、いずれは海外事業で活路を拓き、収益を上げて、今まで以上に税金を納めていくことがミッションだと考えてください。私がわざわざそんなことを言うのは、かつて和歌山で公務員をしていた頃から、こうして京都の伝統工芸の世界に身を置いている現在にいたるまで、補助金に甘えて依存体質になっている企業や団体を山ほど見てきたからです。

とくに伝統工芸分野では、既得権益のように、決まった団体に毎年自動的に補助金が支払われているケースも見受けられます。成果を問われることもないままに、誰も求めていない、どこで売るあてもないようなものが作られているのを見ると、何ともむなしくなります。

また新規事業を立ち上げたものの、「補助金ありき」でものごとが進んでいるために、しばらくはよくても、補助金が打ち切りになると事業そのものが立ち消えになってしまうケースもよくあります。それではせっかく積み上げてきた開発のノウハウを、どぶに捨てるようなものではないでしょうか。

やはり、スタートアップの時期には補助金の力を借りたとしても、いずれはそのフェーズを脱して、自ら生み出した収益から投資に回せるようにすべきです。

審査に通る説得力あるプロジェクトとは

公的支援を得るには、審査をクリアする必要があります。まだスタートアップである以上、成功の実績がないのは致し方ありませんが、ここにお金を出したら成果が上がりそうだと思わせる説得力が必要です。自社のオリジナリティ、世界に通用する強みを自覚した上で、それをどう活かし、どう成果を出すのかという戦略をきちんと伝えてください。

補助金を活かしてどんな活動を行い、いくらの売上増をめざすのか、根拠のある数字を出すことももちろんですが、自社の利益だけでなく、同業他社や業界、ひいては地域も活性化させるようなビジョンを盛り込むことも重要です。審査する側も行政マンとして、地域に波及効果が広がるような事業を支援したいと考えています。

日吉屋が海外進出に当たって公的支援を申請した際には、地元の竹部品の生産・加工業者から、木型・木製部品の生産・加工業者、並びに国内外の流通に関わる企業・人材に至るまで、各方面の協力を仰ぎながら、地域経済の活性化に貢献していきたいということを訴えました。また、地元の伝統工芸大学校の卒業生を優先して職人として採用し、地元雇用の創出に寄与したいということにも触れました。さらに希望的観測ではありましたが、日吉屋が事業を広げていくことによって、和傘に興味を持つ方が増え、京都の伝統工芸に対する注目度が上がり、それが観光客増加の一因にもなりうることを述べました。

また、「古都里」の受賞歴や、数多くのメディアで取り上げられていたことも信頼につながったと思います。自社のオリジナリティや強みを客観的に評価された資料などがあれば、ぜひ活用してください。

こうして不慣れな申請書類に向き合い、自分たちのやろうとしていることを言語化し説得するということを繰り返しながら、プロジェクトリーダーはたくましくなっていきます。

英語との付き合い方

完璧な英語を話そうと思わなくていい

海外進出を考えるに当たって、避けて通れないのが英語です。先述したとおり、ブランドの発信ツールであるウェブサイトやパンフレットが英語対応であることは言わずもがな、プロジェクトメンバーは海外展示会の場で、実際に製品のプレゼンを行い、商談を行わなくてはなりません。

展示会では通訳を雇うこともももちろんできますが、その人にばかり頼っていると、バイヤーとのやりとりの細部をいつまでもわからないままです。バイヤーが通訳の方ばかり見て喋ってしまうので、せっかくの会話で置いてけぼりを食ってしまい、主体的にふるまえなくなってしまいます。ここは腹をくくって、英語を使いこなすのだと決心してください。そして、社長・代表者も担当者任せにせず、ここぞという大事なところは自分で英語で交渉することです。社長・代表者が強い情熱を持って事業に関与しているのだという姿勢を社内外に見せることが、信頼につながるのです。

完璧な英語を話さなければ、などと気負う必要は、まったくありません。実際のところ、欧州の展示会で出会うバイヤーがみなネイティブスピーカーなわけではなく、母国語はドイツ語だったりスペイン語だったりフランス語だったりさまざまです。彼らの多数にとって、英語は第二言語であって、誰もが流暢に話せるわけではないのです。

とくに展示会で交わされる会話というのは、たいてい似たり寄ったり。企業のコンセプト、製品の構造や素材といった特徴、なぜこの製品を作るに至ったかというバックストーリーが説明できれば、なんとか糸口はつかめるはずです。そういったプレゼントークは、ある程度シナリオを用意して何度も練習することでこなれていくでしょう。相手も、こちらに興味があれば、少々たどたどしくても、根気強く耳を傾けてくれます。

私たちＴＣＩ研究所では、海外展示会のロールプレイにも時間を割いています。外国人バイヤー役を相手に、自社製品をプレゼンしてもらうのですが、もちろん最初は誰もがしどろもどろ。でも失敗して恥をかきながら覚えるのが、結局は一番の近道なのです。

何はともあれ、まずは笑顔で「ハロー」から始めること。第一印象で「感じがいい、話しやすそう」と思ってもらえることが必要です。突き詰めれば、英語力より人間力です。そして会話のたどたどしさをカバーする意味でも、動き・インパクトのある見せ方は有効です。日吉屋ならば傘を開閉して見せることがそうですし、技術の実演がその場でできるなら、それも効果的でしょう。そうやって慣れていくうちに、「ちょっとここでジョークを入れて笑わせよう」「相手に質問を投げかけてみよう」など、メリハリのあるプレゼンができるようになっていきます。

あとは普段から耳を英語に慣らしておくことです。発話はできても、聞き取りができなければ会話は成り立ちません。たとえば、よく「聞き流すだけ」という売り文句の英語教材を見かけます。私はあの製品の回し者でもなんでもありませんが、支援先の企業の方で実際何人かお使いになっている方を見ていると、あれも毎日聞いていれば、ヒアリング力が身についていくようです。要はやる気と習慣化の問題です。

海外取引に備え、貿易実務の基礎を知っておく

海外バイヤーと取引する上では、さまざまな貿易実務の基礎を知っておく必要がありますが、これも恐れることはありません。必要なビジネスドキュメントには、

・Proforma invoice（見積書）
・Sales contract（発注書）
・Invoice（請求書兼発送時の明細書）
・Packing list（梱包明細書）

などがありますが、これらはインターネットで検索すればひな形を見つけられるので、作成はむずかしくないでしょう。

展示会用には、商談シートや価格表も必要です。とくに価格表は重要ですので、次章で詳しく述べることにします。

お金のやり取りに関して言うと、まず必要なのは取引銀行に外貨口座を作ることです。これは何もメガバンクでなくても地元の信用金庫で構いません。そしてその口座でクレジットカードやペイパルなど電子決済ができるようにしておくことです。というのは、国境を越えて銀行口座間でお金をやりとりする際には、金額に関わらず一律３千～３５００円の送金手数料が送り手と受け手の双方にかかるため、もしサンプル１個だけ送って支払ってもらうなど、少額取引の場合にはクレジットカードやペイパルなどの方が適しているからです。

コラム

英語力ゼロからスタートし、大きく飛躍した「西村友禅彫刻店」

西村武志さんは、友禅彫刻ひと筋に40年以上の経験を持つ職人。友禅彫刻とは、京友禅の染工程で使われる型紙を彫る中間工程のひとつです。西村さんのような中間工程を支えてきた職人にとって、和装離れによるダメージは大きく、2代にわたって続いてきた「西村友禅彫刻店」も廃業寸前まで追い込まれていました。そして最後に起死回生の望みをかけて、TCI研究所が運営する海外事業「Kyoto Contemporary」（主催：京都市・京都商工会議所、平成24〜29年度）に応募されたのです。

TCI研究所では、そのごく微細な彫刻技術を、紙ではなくレザーや木に活かすことを提案。その技術は海外でも賞賛をもって迎えられ、2013年以降、デザイナーと組んで開発した、透かし模様の美しいiPadケースやコインケース、ランプシェードなどを海外展示会に出展してきました。

プロジェクトのスタート当初は、西村さんの英語力はほぼゼロ。しかし西村さんの驚くべき点は、どんなアドバイスも貪欲に取り入れてしまう柔軟さです。私のアドバイスに従って「聞き流すだけ」が売りの英語教材をすぐに手に入れ、毎日仕事場で聞くようになった西村さん。しゃにむに毎日7〜8時間は聞いているうち、2年目ぐらいからようやく耳が慣れて単語が聞き取れるようになってきたと言います。1年目のロールプレイでは、外国人バイヤー役相手が言ったことに的外れな回答をしてしまうことも多々ありましたが、2年目3年目と時間を重ねるにつれ、目に見えて発話力もアップしていきました。

商談にまつわるメールの文章は、息子さんに添削してもらったりもしたそうですが、会話に関しては他人を頼らず自力で解決するというのが西村さんのモットー（ご本人

外国人デザイナーに英語で説明する西村さん

いわく、「お金がないからほかに選択肢がない」とのことですが）。どうしても会話に詰まった時は、その場でスマホで単語を検索してしのいだりもしながら、やがて4年目に入ると、流暢に英語をあやつって自ら彫刻を実演しながらプレゼンするまでになったのです。

今ではその技術と風貌から、ヨーロッパのバイヤーやクリエイターから「レジェンド」と呼ばれて愛され、どこへ行ってもひっぱりだこ。大手ラグジュアリーブランドからもコラボ依頼が舞い込んだり、京都の仕事場に毎月数人の外国人が体験ワークショップに訪れるなど、多忙な日々を送っています。海外にできた友人たちとSNSのやりとりもしょっちゅうで、もはや英語は西村さんの日常の一部。「英語を使わない日はなんだか違和感を感じる」というほどです。

かつて、ただ仕事場にこもって誰にも会わず黙々と手を動かすだけだった40年の日々を思うと、今の生活は「見える景色がまるっきり違う」と西村さんは話します。60代の西村さんがここまでできたのですから、もっと若い世代がやる前から「できない」と決めつけるのは、単なる言い訳でしかないでしょう。西村さんを見ていると、「どうせだめだ」という先入観を捨てて、とにかくトライしてみることの大切さに改めて気づかされます。

知的財産権との付き合い方

ブランド価値を守る、商標登録の重要性

さて、この章の最後に、ブランドの商標登録の重要性について触れておきたいと思います。日本における知的財産権としては、商標権、意匠権、特許、実用新案、そして著作権がありますが、中小企業が海外進出するに当たって、一番重要視すべきは商標権だと私は考えています。商標権とは、自社のブランドアイデンティティとなるネーミングやロゴ、シンボルマークなどの結合体を独占的に使用できる権利のことです。

日吉屋では「古都里」「MOTO」「バタフライ」などの製品群を有していますが、それらのうち、主要なものの商標はすべてEUと北米、中国において国際登録を行っています。日吉屋のような小さなメーカーが海外マーケットで成功するには、「和傘の技術を活かしたデザイン照明」というニッチなジャンルにおいて、先駆者・トップランナーであることを商標権によって担保する必要があります。日吉屋の製品がメディアに露出し、その名前が知られれば知られるほど、万一「パクリ」が出ても、日吉屋のブランド価値が脅かされるリスクは少なくなります。

ですから、ネーミングやロゴなどを作ったら、たとえ実売開始前でも、ただちに特許庁に商

標登録の出願を行ってください。出願手続きは自分でもできますが、海外を意識するなら、やはり経験豊富な弁理士に相談する方が安心でしょう。

商標の国際登録については、現在マドリッド協定議定書と呼ばれる条約によって、日本の特許庁を通じて手続きすれば、海外での商標出願も行えるようになっています。２０１７年3月時点では、世界の98ヶ国がこの議定書の加盟国となっていますので、ターゲット市場国はほぼ網羅されていると言っていいでしょう。

このように、国内と海外の商標登録は同時に進めることができますので、ブランドのネーミングやロゴを決める場合は、進出先の国々の先行商標と重複していないことや、相手国の文化的タブーに触れるものでないことを確かめておく必要があります。場合によっては、相手国では国内とは異なる商標を登録するなどの対策が必要となるでしょう。

出願してから実際に商標が登録されるまでには、国内商標の場合数か月かかりますが、特許や商標、意匠といった知財権は、ほとんどの国において先願主義であり、登録を待っている間も権利は発生していますので、手続きは早いに越したことはありません。つまり、もしあなたの会社の製品と同じ商標がアメリカで見つかったとしても、あなたの会社が相手より1日でも早く日本で商標出願を行っていれば、あなたの会社に商標権があることになります（国際出願を前提として申請している場合）。

特許や意匠権は、ケースバイケース

それでは特許はどうでしょうか。特許があれば、海外進出がスムーズに行くようなイメージがあるかもしれませんが、実際には特許ビジネスをやれるほどの技術を持っている会社は、ごくわずかです。また、特許とはその発明内容を公開する代わりに、一定期間その発明を独占使用できる権利を与えるものですので、技術の公開を避けたいという企業は、あえて特許を申請しないというケースもあります。

日吉屋の場合はいろいろ検討した結果、特許や意匠権の取得はしないことにしました。というのは、たとえ手間とコストをかけてそれらを取得したとしても、デザインや構造が盗用されるリスクがゼロになるわけではないからです。そして知財権侵害を訴えて国際法廷闘争に持ち込んだところで、莫大なコストと時間を奪われる不毛な消耗戦に巻き込まれるだけです。大手ならいざ知らず、そんなことにエネルギーを取られるのは、中小企業にとってダメージでしかありません。

そこで日吉屋では、現在では取得するのは商標権1本に絞り、その代わりそのネームバリューを高めることに最大限の力を注ぐことにしたわけです。たとえ商標を持っていても、自分たちや製品が有名にならないことには、「本家」であることを主張できないので、広報PRにはかなりのエネルギーをかけてきました。

日吉屋はこのような具合でしたが、知的財産との付き合い方は、その企業の戦略、製品、サービスによってケースバイケースなので、こうすべきだと一概には言えません。あなたの会社にふさわしい道を選ぶためにも、専門知識を備えたアドバイザーのいる窓口へ行かれることをおすすめします。知的財産全般の創造・保護・活用に関してワンストップで相談できる窓口としては、公益社団法人発明協会が挙げられます。この発明協会は、全国の自治体や商工会議所などと連携して地域協会を展開していますので、ぜひ積極的に利用してください。

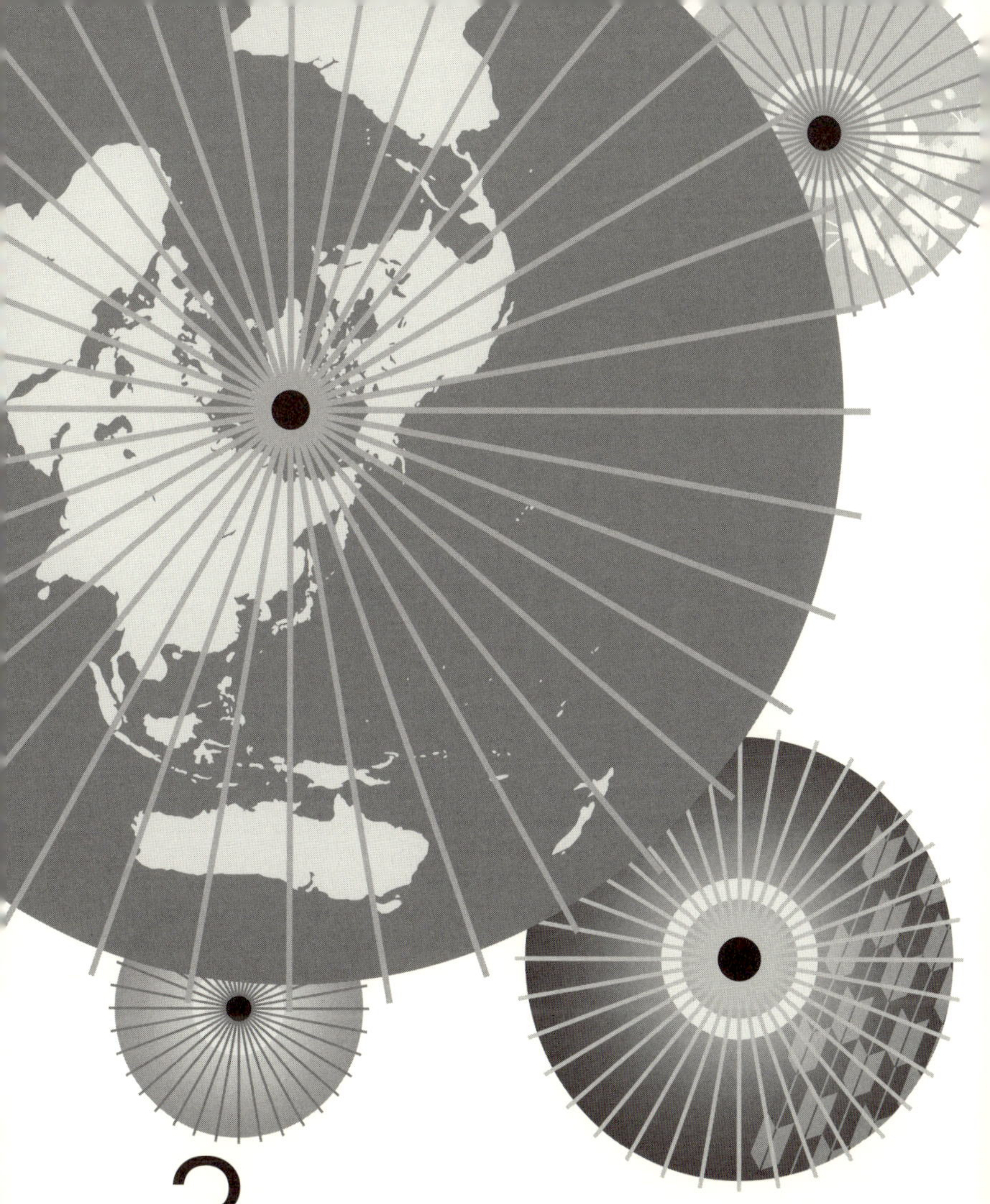

第3章
海外代理店・バイヤーとともに「売れる」製品開発へ

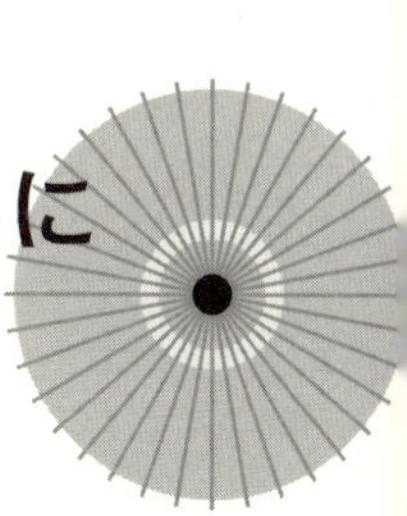

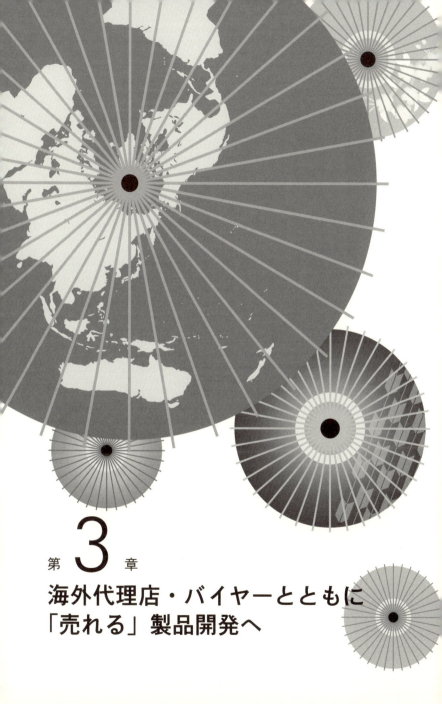

いざ、海外バイヤーと出会う場へ

「ネクスト・マーケットイン」に欠かせない、海外バイヤー

第3章のテーマは、海外代理店やバイヤーとの付き合い方です。ここではかつての私の失敗談もまじえながら、日本とは異なるグローバルスタンダードの商習慣についてお伝えするとともに、展示会で出会った代理店やバイヤーとのつながりを、どう製品開発に活かすかについて述べていきます。

前章で日本の中小企業がめざすべきは「グローバルニッチトップ」のポジションであること、そしてターゲットは欧州市場であることを述べました。経済発展を遂げた国であればたいてい世界中のどこでも、テーブルとイスとベッドのある部屋に住まい、スーツやTシャツやジーンズを着て暮らしているように、グローバルスタンダードを作っているのはヨーロッパ文明にルーツを持つ欧米各国です。欧州に適応した製品で現地に進出し、フランスを始めとするトレンドの発信拠点でブランド価値を認められれば、Uターン、Jターン効果で、国内やアジア・中東へ進出しやすくなります。

ただし、忘れてはならないのは、グローバルに均質化へ向かうように見える世界にも、まだ

まだ国や地域ごとに文化・宗教・気質の違いが根強く残っているということです。たとえば日吉屋の経験で言えば、明るすぎる照明を嫌がるヨーロッパに対し、日本を始め中国やアジアは「明るいことはいいこと」と捉える傾向があります。また照明のシェードの色も、国によって好かれる色が違います。たとえばフランスはシックで落ち着いた色、ドイツでは青や緑といった自然の色が好まれますし、中国ではモノトーンは喪の色として忌み嫌われるということも、海外ビジネスをやるようになって徐々にわかってきたことです。家具やコーヒーカップなどといった日用品のサイズも、国によって異なることがあります。

つまり、日本で売れているからといって、その製品をそのまま海外に持ち込んでも受け入れられるとは限らないのです。さりとて行ったこともない、暮らしたこともない国の文化や生活習慣を、インターネットや書籍でにわか勉強したところで、それは机上の空論の枠を出ません。

これらの問題を解決するために、もっとも有効な方法は、現地の市場ニーズ、商習慣などに精通しているバイヤー（あるいはバイイングビジネス経験者）とできるだけコミュニケーションを深めることです。ターゲット国の現地で仕事をしているバイヤーに、製品開発中は長期にわたってアドバイスをもらい、製品をともに育てていけるような信頼関係を築くこと、これが私たちの提唱する「ネクスト・マーケットイン」の第一歩です。

日本の中小企業、とくに長きに渡って自社ブランドを持たず、ＯＥＭや下請けをメインに事業を行ってきた会社に多いのは「プロダクトアウト型」で、市場のニーズを十分に理解せずに自社の技術やできることから着想し、製品を作ってしまうケースです。ものづくりの技術は素晴らしくても、消費者の心に響かず、売れないということになりがちです。

そこで次に出てくるのが、マーケティングリサーチを行い、消費者のニーズを把握して、できるだけ売れる可能性の高い製品を作ろうとする「マーケットイン型」です。ただし、既存の手法では、すくい上げられるリアルなニーズは国内のものに限られるでしょう。

多くの企業では、「プロダクトアウト型」と「マーケットイン型」を、自社の状況に合わせていずれかを選択したり両者を組み合わせたりしながら企画開発を行っていると思います。それで大当たりしているのであれば本書は必要ないのですが、現在の市場の将来性に不安があり、海外へ活路を求めるのであれば、私たちが提唱する「ネクスト・マーケットイン」の手法を試す価値は大いにあるはずです。

海外展示会出展の準備をする

海外バイヤーに出会う場と言えば、海外展示会です。第2章でお伝えしたとおり、実売開始前のプロトタイプを展示会に出し、市場の反応を見ることには、大きな意味があります。自社だけで製品を開発して完成させ、それをウェブサイトに掲載したところで、それだけで名前も知らない企業の製品に目を留め、購入してくれる人など皆無でしょう。プロジェクトがスタートしたら、初年度はプロトタイプの開発にほぼ時間を取られてしまうでしょうが、2年目、3年目は積極的に海外の展示会にアタックしてください。

自分たちが出展するのに適した展示会を決めたら、まずは出展申し込みの手続きから。展示会によって詳細はまちまちですが、だいたい展示会期の半年ほど前から申し込みが可能になります。人気・注目度ともに高いフランスの「メゾン・エ・オブジェ」などは、事前審査があり、いいブースの場所を押さえるにはかなりの競争率が予想されます。詳しくはJETROに問い合わせるのが一番手っ取り早いでしょう。

海外展示会に出展するとなると、製品以外にもさまざまなものを準備しなくてはなりません。会場で配布する製品資料、プレスキット、プライスリスト、商談シートなどが必要ですし、ブース装飾やディスプレイを考え、業者を決めて発注しなければなりません。ブース装飾にお金をかけられない会社のために、「パッケージブース」といって机とパネルと椅子だけのミニマムなセットを貸し出してくれるところもありますが、これではブランドの世界観はまったく演出できず、結果的に埋没してしまい、海外まで出向いていった効果は望めないでしょう。

とはいえ、いきなり最初から自力出展で大掛かりなブース装飾を仕掛けるのは、そういった業者とのつながりもなくノウハウもないビギナーには、資金的にも実務的にも相当ハードルの高い作業です。そういう意味では、最初はかつての日吉屋がそうだったように、ＪＥＴＲＯや地元の商工会議所が出展する「ジャパンパビリオン」的な合同ブースに参加するのは賢明な選択と言えるでしょう。そういった合同ブースなら、すべてお膳立てしてもらえてローコストで海外展示会出展が果たせます。あるいはＪＥＴＲＯでは一定の審査をクリアした企業に対し、展示会出展費用の約半分をサポートしてくれるプランもあります（全ての展示会が対象ではありませんし、今後変わる可能性もあります）。

もしくは可能なら、実際に出展する前に、一般のビジターとして現地展示会の様子を見に行き、そこで出展社がどんなブースを建ててどんな商談をしているのか、その展示会は自分たちの製品に合っているのかなど、見聞を広めておくことができればなおいいでしょう。

海外バイヤーの種類と特徴を知る

日本の商習慣は、海外では通用しない

海外と取引するに当たって、真っ先に知っておいていただきたいことのひとつが、バイヤーの種類とその特徴です。日本でおなじみなのは、百貨店や小売店に対する「委託販売」で、6掛け、つまり小売価格の6割をメーカーの取り分とする前提で、商品を店に「預ける」方法で

す。この方法では、1万円のものがひとつ売れれば、メーカーに6千円が入ってくることになります。百貨店や小売店は買い取りで在庫を抱える必要がなく、ものが売れないとなれば返品することも可能。しかしこのような取引方法に海外でお目にかかることはまずありません。これは、百貨店も小売店も、委託された商品の売上をごまかしたりしないという信用を前提とした、日本ならではの商習慣です（商材や取引先、取引形態により条件は異なります）。

もちろん日本でも、製品によっては「卸業者」や「問屋」といった中間流通業者をあいだに挟んで取引するケースも多々ありますから、その場合の掛け率は「6掛け」より低くなります。しかし「卸業者」「問屋」と呼び名が違えども、そこに明確な定義の違いはありません。

しかしヨーロッパやアメリカで今後ビジネスを行っていくなら、展示会で出会うバイヤーが「ディストリビューター」「リテイラー」「エージェント（レップ）」のいずれであるかを、しっかりと理解しておく必要があります。なぜなら、バイヤーの種類が違えば取引の内容も性質もまったく違ってしまうからです。そしていずれの取引においても国内取引と比べると、かなり厳しい掛け率を覚悟しておかなくてはなりません。

バイヤーの種類①【ディストリビューター】

まず「ディストリビューター（販売代理店）」とは、小売店相手に卸売を行う業者です。英語の「ディストリビュート（流通させる、供給する、散布する）」という言葉を見てもわかるように、彼らのミッションは、その製品およびブランドを自国に広めることです。そして仕入れは全量買い取りが基本なため、資金力のほか、在庫を保有するための倉庫も必要で、会社規模は比較的大きいところが多いようです。それだけにディストリビューターは、メーカーから仕入れた商品にかなりの利幅を乗せて小売店に卸します。具体的に言うと、彼らの仕入値は、想定上代の25％以下。たとえばディストリビューターは、メーカーから25ユーロで仕入れた商品を、倍の50ユーロで小売店に卸し、それを小売店がさらに倍、つまり１００ユーロ以上の価格でエンドユーザーに販売する形です。

また、ディストリビューターが日本の問屋と大きく違うのは、その製品およびブランドの価値を高くマネジメントするために、広報やＰＲ、マーケティングにも積極的に関与してくる点です。そして大抵の場合は自国や地域でのエクスクルーシブ（独占権）を求めてきます。このように、ブランドと深い関係性を築く相手がディストリビューターです。

日吉屋が初めて海外で契約を交わした代理店はスイスの会社でしたが、当時の私はまだ何のノウハウもなかったので、商工会議所の海外相談窓口に行き、そこで出会った海外貿易事務に強い専門家に、契約書作成をお願いしました。契約書と言っても非常にシンプルで、どこの国のどこの代理店でもだいたいおおむね合意できるだろうという内容です。何百ページもの契約

Ⓓ Distributor

問屋（厳密には日本語の意味と異なる）
インポーター、ディストリビューター、大規模チェーン店、OEM

- 価格設計：想定上代の25％以下
- 想定条件：基本買取仕入
- イメージ：小売店や設計事務所、大口顧客等への卸商

Ⓡ Retailer

百貨店、小売店、ブランド、チェーンストア、設計事務所（兼サプライヤー）、他、ネットショップ、メールオーダー（カタログ通販）

- 価格設計：想定上代の50％以下
- 想定条件：基本買取（場合によっては委託）
- イメージ：消費者に直接販売

Ⓐ Agent（レップ）

エージェント
レップ（マルチカードレップ）

- 価格設計：販売（成約）金額の10〜20％
- 想定条件：買取無し、サンプル貸出
- イメージ：ターゲット顧客に対する営業（成果報酬）

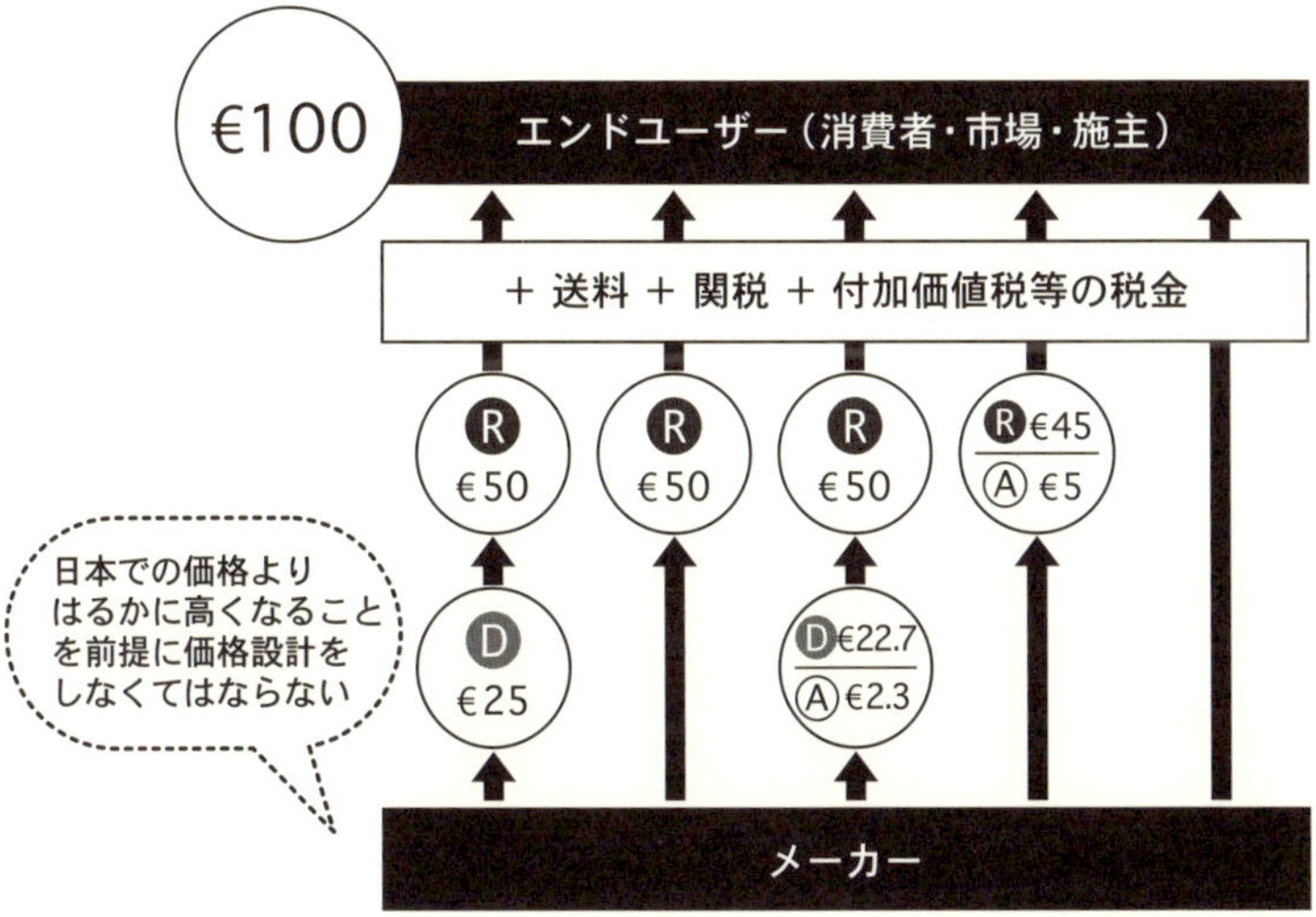

海外バイヤーの種類と価格設計

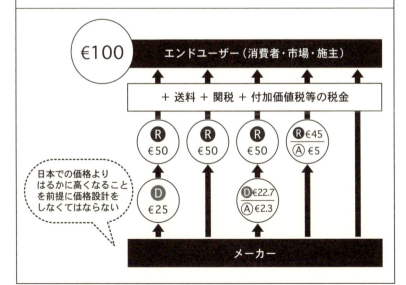

書を交わすような企業規模ではないし、そのような雑務にエネルギーを取られるぐらいなら、ちゃんと人間同士の信頼関係を作るほうが大事だと私は思っています。そのことについては後で述べます。

バイヤーの種類②【リテイラー】

リテイラーはエンドユーザーに直接販売する業者で、百貨店、小売店、ブランド、チェーンストア、ネットショップなどがこれに相当します。リテイラーの仕入値は、想定上代の50％以下。日本のような委託販売はまれで、買い取りを基本としています。

バイヤーの種類③【エージェント（レップ）】

エージェント（レップと呼ばれることもあります）は、日本ではあまりなじみのない業態かもしれません。彼らは販売代行をするバイヤーで、ごく少人数あるいは個人で活動しています。エージェントの特徴は、在庫を所有しない点です。彼らはカタログやサンプルを持って営業し、その製品を買ってくれるディストリビューターやリテイラーを見つけて、メーカーから成約額の10～20％の成功報酬を受け取ります。エージェントが受注した品物は、メーカーから直接ディストリビューターやリテイラーに送られるので、彼らは直接もののやりとりに関わることはありません。ですからディストリビューターのような資金力や社屋を必要としない代わり、どんな商品がどんな販路に売れるかということに精通していて、普段から広い範囲を移動して回っていることが多いようです。

海外商習慣を理解していなかった日吉屋の失敗

先ほど、海外展示会に出展するのに必要な準備品のひとつとして、プライスリストを挙げました。注意しなくてはならないのは、前述のようにバイヤーにも種類があり、取引条件が異なる以上、同じプライスリストを誰彼かまわず渡してはいけないということです。日吉屋は、かつて海外展示会に初めて出るようになった2008年当初、この値付けの基本を理解していなかったばかりに、痛い経験をしています。

どういうことかと言うと、展示会で出会ったバイヤーすべてに、日本で言う「6掛け相当」の売価のみを伝えていたのです。本来ならば、リテイラーに提示する売価は、ディストリビューターより高く設定されていなければなりませんでした。でもディストリビューターにもリテイラーにも同じ売価を提示したために、あるリテイラーがネット販売を始めた時に、安い価格で出してしまい、それがディストリビューターの目に留まってしまったのです。これは契約を結んでいるディストリビューターにとっては大問題で、トラブルにもなりました。

幸いだったのは、そのスイスのディストリビューターの代表が、日本の商習慣にも通じていたことです。こちらの無知ぶりや悪気のなさなど、事情を察した彼は、親切にも流通の仕組みを一から私に教えてくれました。こうして結果的には事なきを得ましたが、あの時のことを思い出すと、今でもひやっとします。

この時私が学んだのは、バイヤーと付き合う上でのルールだけではありません。ディストリビューターを通して海外販路を築くには、日本国内で商売をしていた頃より、はるかにシビアな原価管理が求められるのだということもよくわかりました。グローバルスタンダードな商習慣においては、メーカー卸値の4倍もの上代がつくのが当たり前であり、そうでないとペイしないということです。

日本の「6掛け」の感覚でメーカー卸値を決めてしまうと、ディストリビューターを通して流通させる場合、上代が高くなりすぎて商売になりえません。日本で1千円で売っているものは、メーカー卸値600円ですが、これをそのまま海外に持っていけば、向こうでは2400円を超す上代で売られることになります。今はなんでもインターネットで見られてしまう時代ですから、日本で1千円で売られているものが、自国では2400円以上に跳ね上がっていると知れば、誰もがぼったくりだと思うでしょう。相手は日本の商習慣を知らず、日本国内でも上代の25%相当、つまり250円程度で卸していると考えるからです。

つまり、海外進出を考えるならば、最初からターゲット市場でのマーケティングを踏まえた適正な上代を意識して、その4分の1程度の卸売価格で製品を提供できるよう努力しなければなりません。製品が完成してから値段を考えていてはだめなのです。日本からの輸入品である以上、送料や関税などを考えると、日本国内より海外の方が価格が少々高くなるのは致し方ないことです。しかしその価格が日本の2倍、3倍となるとさすがに問題でしょう。ブランド価値を高めて、高い値段でも納得して買ってもらえるようにすることと、できるだけコストを抑えて効率よく作れるようにすること、その努力を並行して行わなくてはなりません。

これは実際にやってみると、ものすごく厳しい価格です。日吉屋でも、卸売価格を海外上代の25%程度に抑えるために、型を使って骨組みの製造を効率化するなど、さまざまな工夫を重ねました。しかしここで頑張って海外上代25%の価格を実現すれば、日本国内では余剰利益が生まれることになります。たとえ厳しくても、努力を重ねる価値はあります。

しかし実際のところ、このような事情を一切考慮せずに、漫然と海外展示会に出展しているメーカーが今もなお多いのです。「これは日本の伝統技術を使ったいいものだから評価されるだろう」というのは甘い幻想でしかありません。国内市場よりはるかに困難の多いアウェー戦であることを自覚し、真剣に対策を練らなければなりません。

商習慣は時代の流れとともに変化することも忘れずに

ここまで書いてきたことは、現状の取引形態に関する心得であり、これから海外進出を考えている中小企業の方々にはぜひ覚えていただきたいことばかりです。しかし、その一方で、商習慣は時代の流れとともに変化するものだということも、常に少し頭の片隅に置いておいてください。

今、アマゾンが既存の流通を破壊していっているように、ディストリビューターという中間業者を介しての取引が徐々にすたれ、ネットを介してメーカーと小売店が直接取引するケースが増えていくことは十分考えられます。とはいえ、過渡期とも言える現在、まだしばらくはディストリビューターやエージェントが重要な取引相手であることに変わりはありません。

重要なのは変化の波に柔軟に対応できるよう、ふだんから社会経済の流れを読み、新しいマーケティングや流通の手法にアンテナを張っておくことです。少なくとも、これからどんな取引形態になっていくにせよ、ブランド価値のはっきりしたものだけが生き残っていくことは間違いありません。ここに書いたような内容に従って海外取引を進めて、さまざまな経験を積んでいくうちに、おのずとそんなビジネスの嗅覚は磨かれていくでしょう。

コラム　プライスリストの作り方

　プライスリストを作る上で一番大事なのは、先ほど述べたように、ディストリビューター向けとリテイラー向けとでは、卸値を変えて作る必要があることです。エージェント用はわざわざ作る必要はありませんが、キックバックの条件（10～20%が目安です）はあらかじめ決めておきます。価格の表記は現地通貨建て（ヨーロッパならユーロ、アメリカならドル）が原則です。円建てでの商談はやめた方がいいでしょう。というのは、円はなじみがない上にゼロが多すぎて相手の買う気をくじいてしまうからです。またミニマムオーダーの金額や数量が多すぎるのも、相手を躊躇させてしまうためよくありません。

　さらに、現在私たちTCI研究所では、基本的に「DDU」でプライスリストを作るようアドバイスしています（※）。国際商業会議所が定める貿易条件「インコタームズ」に詳しい方なら、すでにご存知かもしれませんが、DDUとはDelivered Duty Unpaid、つまり「相手国への送料込み・関税抜き」という条件で取引を行うことです。日本からの送料を本体価格に上乗せした価格を現地通貨（ヨーロッパならユーロ、アメリカならドル）で表記することで、バイヤーの心理的な輸入障壁を下げることができます。

対照的なのはＦＯＢ（Free on Board）で、これは「商品代金＋最寄りの港までの国内送料の合計」という最もシンプルな価格のみを表記し、あとの海外送料や関税のコストは受け手が負担する契約です。これですと、展示会で気に入った製品の本体価格がたとえば１００ユーロであるとわかっても、バイヤーには送料や関税がいくら上乗せされるかわからず、取引を躊躇する要因になります。そこで送料をあらかじめ算出しておき、商品代に含めて表示する方法を、私たちはおすすめしているのです。日吉屋では、日本からの輸送手段にＥＭＳ（国際スピード郵便）を使っているので、その送料を加算しています。

送料は込みだが関税は抜き、としているのには理由があります。関税率については税関当局の判断次第という部分が多分にあり、一筋縄ではいかないからです。たとえば本体が合成繊維で持ち手に皮革が使われているバッグを例にとると、普通に考えれば「合成繊維のバッグ」というカテゴリーですが、これが「皮革のバッグ」だと当局に判断された場合は、関税率が上がってしまう場合があります。そのような不確定要素の高いものを、価格に組み入れることはメーカー側にとってリスキーです。ですから、自社の製品にかかるおよその関税率をバイヤーに伝えて指標にしてもらう程度にとどめています。製品ごとの

❶ ○○ Co.,Ltd. Price list 20×× ❷

❸ Retailer price list
Euro

❹ DDU JAPAN
for Europe

◆AAA Light

Product	Description	Shade size	Color	Item No.	FOB Unit price	Minimum Quantity	FOB 6pcs.	Gross weight	Delivery +Insurance	DDU 6pcs.
A-light	Pendant light	φ39×h20	White	KPL-3920w	€ 100.00	6pcs.	€ 600.00	3.0kg	€ 50.00	€ 650.00
			Red	KPL-[illegible]r						
	Bamboo, wood, hand made Japanese paper	❻	Pu[illegible] ❼	KP[illegible]p ❽	❾	❿	⓫	⓬	⓭	⓮
	Steel lamp holder		Black	KPL-3920b						
	E27. 95cm cable/c[illegible]se Black ❺	φ53×h28	White	KPL-5328w	€ 150.00	6pcs.	€ 900.00	4.5kg	€ 100.00	€ 1,000.00
	Maximum 60W		Black	KPL-5328b						
	Lighting bulb is not included	φ71×h36	White	KPL-7136w	€ 200.00	6pcs.	€ 1,200.00	6.0kg	€ 150.00	€ 1,350.00
			Red	KPL-7136r						
			Purple	KPL-7136p						
			Black	KPL-7136b						
B-light	Table light(φ22×30)	φ22×h30	White	KEL-2230w	€ 50.00	6pcs.	€ 300.00	4.0kg	€ 100.00	€ 400.00
	Floor light(φ41×36)		Peacock Feather	KEL-2230pf						
	Bamboo, wood, hand made Japanese paper		Japanese Floral	KEL-2230jf						
	Steel lamp holder	φ31×h46	White	KEL-3146w	€ 100.00	6pcs.	€ 600.00	5.5kg	€ 150.00	€ 750.00
	E27, 1.5m cable/switch Black		Red	KEL-3146r						
	Maximum 60W		Purple	KEL-3146p						
	Lighting bulb is not included		Black	KEL-3146b						

◆ZZZ Light

X-light	Pendant light	φ39×h20	White	MPL-3920w	€ 250.00	6pcs.	€ 1,500.00	10.0kg	€ 300.00	€ 1,800.00
	Steel, ABS, SUS,		Red	MPL-3920r						
	E27, 95cm cable/ceiling rose Black		Black	MPL-3920p						
	Maximum 60W , Lighting bulb is not included		Silver	MPL-3920s						

* DDU delivery cost is calculated by EMS. Please inquire if you would like to send via DHL, UPS, Fedex etc.

Delivery Term & Conditions ⓯
・100% T/T payment in advance.
・Regular delivery term is in 2 weeks after confirmation of T/T payment.

⓰ ・Credit card payment is available for order under 1,000 euro.
⓱ ・This price list is for 20××

①会社名：英語表記　※英語表記が無い場合はこれを機に設定しましょう。余り長すぎない方が良い。
②何年用の値段表か表示：為替の変動があるので、定期的に値段表は更新した方が良い。
③誰宛ての値段表か明示：Maker→Distributor→Retailer（※103頁参照）の商流を前提の場合は、それぞれの値段表を用意。
Agent を起用する場合、そのマージンも FOB に上乗せしておく。
値段表が 1 種類だけだと Distributor も Retailer も同じ値段になり、Distributor のマージンが無く取り扱う事ができなくなるので注意。
Distributor price は Retailer 向けの約 50% が相場。　※雑貨等商品の場合
Retailer price の 2~2.5 倍＋税等（付加価値税等）が最終的に店頭に表示される価格になる。
④取引条件：一番簡単なのは FOB だが、本書では DDU を推奨。バイヤー側の立場から見て商品代金＋送料が一目で分かる方が良い。（この表では FOB 価格も表示されているので、DDU 価格と両方分かる。）
⑤商品の明細（商品説明、素材、用途、付属品等）　※商品写真を追加しても分かりやすくて良い。
⑥サイズ等
⑦色展開
⑧商品番号
⑨FOB 価格：EMS 等の国際宅急便で送る場合は実質的に商品単価になる。
⑩最小発注ロット（1 個から取引できるのなら、それでも良い。）
⑪商品単価 × 最小発注ロット（⑨×⑩）の合計
⑫箱や梱包資材なども含めた総重量
⑬送料と保険料
⑭DDU 価格：商品代金＋送料＋保険料（⑪＋⑬）
⑮支払い条件と納期：可能な限り 100% 前払いを主張。無理な場合は 50% 前払い、残金は出荷時等を交渉する。
納期は輸送期間も含めた期間を記載。
⑯少額決済：銀行送金だと少額を送金しても一定金額（例：100 万まで等）までは手数料が変わらない為、サンプルオーダー等の少額取引では送金手数料が割高に感じられて敬遠される場合がある。クレジットカードや Paypal 等で決済できるのがベター。　※これらの決済は決済金額に対する％なので、高額取引だと銀行送金より高くなる場合があるので注意。概ね 10 万円程度までなら少額決済。それ以外は銀行送金（T/T）が良い。
送金先に自社銀行口座情報を予め記載しておいても良い。
⑰値段表の有効期限：為替が大きく変動している場合などは短めの有効期限に設定して、随時更新するのが良い。

※プライスリストは取り扱う商品や業界、条件などにより異なります。
このプライスリストはあくまで参考ですので、自社の事情に合うようにカスタマイズ下さい。

プライスリストの見本と解説

関税率の目安を知るには、ＪＥＴＲＯのウェブサイトから世界の関税率情報データベース「ワールドタリフ」にアクセスして自分で検索することが可能です。

それから、意外に忘れられがちなことですが、送り先によって送料は変わりますから、プライスリストはアジア向け、ヨーロッパ向け、北米向け、南米向け、中東向けなど、複数作っておく必要があります。たとえ出展するのがヨーロッパの展示会でも、バイヤーはどこの国から来ているかわからないからです。その場でプライスリストを渡せずに「後日メールします」となってしまうと、成約率はぐっと下がります。

このように、送料込みの商品代金を、現地通貨建てで明記するということは、為替のリスクをメーカーが負うということですから、バッファを見て前後5円ぐらい上下があっても大丈夫なように値付けをすることも重要です。ただし為替の動きが大きい場合は、価格の改定を考えた方がいい場合もあります。あとは価格表に、T/T（銀行送金）で前払いが必須であることを、条件として必ず記入しておいてください。１１１頁に載せたプライスリストのサンプルと解説も、ぜひ参考にしてください。

※インコタームズ２０１０（最新版）ではＤＤＵが廃止され、ＤＡＰが新たに設定されていますが、インコタームズ２０００も引き続き有効で、実際にはＤＤＵもよく使われています。

海外販路開拓の9割は人間関係づくり

展示会での出会いを次につなげよう

展示会のブースに立っていると、多種多様なバイヤーがやってきます。バイヤーがあなたの会社の製品を気に入り、すぐに買い付けたいと思ってくれれば、その場で商談に入って取引条件を聞いてくるケースもあります。その場合は、相手の要望に合わせて見積書を作り、納期など必要事項の確認をします。もちろん、相手がディストリビューターなのか、リテイラーなのか、エージェントなのか確認することも忘れないでください。その後、受注↓入金↓発送という流れで取引は進んでいきます。

しかし、その場で買い付けとまでは行かず、あれこれ質問され、名刺交換だけして終わることも多いと思います。もっと言えば、名刺すらくれない人も多いでしょう。そこで商談シートに「社名」「連絡先電話番号、メールアドレス」「興味を持った製品」などを記入してもらい、連絡先を入手します。

そして展示会を終えて帰国してから、2週間以内に「先日の展示会では私たちのブースにお立ち寄りいただきありがとうございました」という「サンキューメール」を送るのが一般的です。ただのサンキューメールに対しては返事がないことも多いので、相手が興味を示したアイテムを引き合いに出し、「先日お問合せいただいた○○のカタログを添付します」など、アプローチすることが大事です。

もし取引相手としてポテンシャルを感じているならば、思い切って訪問営業をするのも手です。「今度いついつ、そちらに出張するので、ご都合が合えば訪問したい」とメールを送ってみれば、返事をもらえる率もぐっと上がります。あるいは、有力なバイヤーはだいたい主な展示会をくまなく回っているものなので、たとえばフランスの「メゾン・エ・オブジェ」で出会ったバイヤーが、製品に何らかのアドバイスをくれたとしたら、「今度ミラノサローネに出るのですが、あなたのアドバイスをもとに改良を加えてみましたので、ぜひご覧いただければうれしいです。ブースの場所は○○で…」と連絡してみるのです。

そうやってこちらの質問を投げかけたり、相手から質問を引き出したり、キャッチボールを続けるような関係を保ちながら、コミュニケーションを深めていくことです。「この商品は赤と黒を用意したのですが、黒がいいという人が多いのは、なぜだと思いますか？」とか、「日本ではこれがすごく売れるのに、ヨーロッパではさっぱりなのは、どこに理由があるのでしょうか？」など、とにかく素直に疑問を投げかけてみてください。もし相手があなたの会社や製品に興味を持っているなら、アドバイスもしてくれるでしょうし、「なるほど欧米人の身体サイ

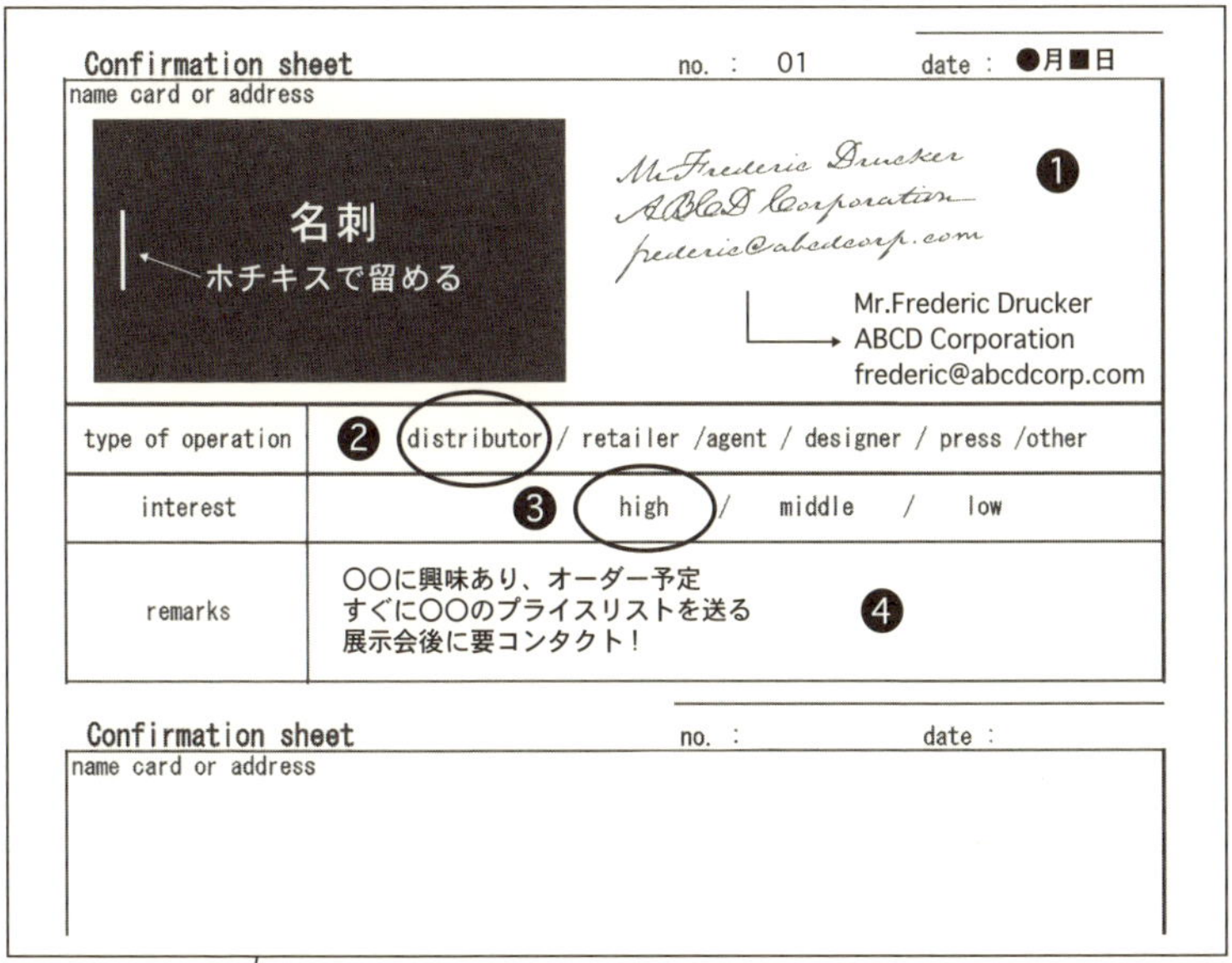

①いただいた名刺をホチキスで留める。

※海外では名刺を持っていない方や、切らしている方も多いので、その際はこのスペースに手書きしてもらう。

※手書きは個性が強く、読めない事も多いので、必ず確認して必要あればブロック体で書き直す。

※最低限、名前とメールアドレスが分かれば連絡は取れる。住所まで書くのは面倒がられることも多い。

②相手の職業を会話の中で聞き出して記載。相手の職業を正確に把握しないと、商談内容や渡す値段表も異なるので慎重に。

③相手の興味の度合い。展示会後のフォローアップの優先順位の参考に。

④商談内容を記載。1日数十件の商談をすると覚えておくのは困難なので、重要なことは必ずメモを。 ※約束したことは展示会終了後になるべく早く対応する。

商談記録シート

ズに合っていなかったのか」とか、「現地の嗜好はこうなのか」など、見えていなかった問題点が浮かび上がってくるはずです。そうやって気心の知れた顔なじみのバイヤーが増えていけば、しめたものです。

またブースにやってくるのはバイヤーだけではありません。プレス・報道関係者、リサーチ目的のメーカー、小売店、デザイナーも多く来場しています。どんな出会い、どんなチャンスが潜んでいるかわかりません。日吉屋でも、展示会で出会ったデザイナーと、のちに一緒に製品開発をしたことがあります。いい出会いを引き寄せられるよう、自らの言葉で、しっかり自社のブランドや製品の魅力をアピールしてください。

理想は家族ぐるみの関係を作ること

ここまで読んで、海外バイヤーとの付き合いにプレッシャーを感じている方もいらっしゃるでしょう。金額や取引条件などがシビアに飛び交う、ビジネスライクな会話の応酬をイメージされたりもするかもしれません。しかし日吉屋では、たとえビジネスパートナーであっても、2～3年かけて家族ぐるみの友人付き合いになっていくことが多いのです。ビジネスだけの割り切った付き合いと考えないほうが、かえっていい結果になると思っているからです。

ヨーロッパでは、親しく付き合う人同士は、家族ぐるみでしょっちゅう自宅に招待しあい食事をともにします。週末のたび、誰を食事に招こうかと考えるのが彼らの日常を彩る楽しみになっているとも言えます。私は２００８年に初めて海外に出展した時から、妻や子どもを連れて現地に滞在していましたので、代理店の担当者たちとよくそういう場で一緒に語らい相互理解を深めてきました。反対に彼らが日本に滞在する時は、自宅に泊めてあちこち案内することもよくやりました。ビジネスライクな付き合いでは見せることのなかった、本音のコミュニケーションが生まれるのはまさにそんな関係になってからです。

こういう信頼関係があってこそ、ディストリビューターもエージェントも「この人が手掛けているブランドはいい」と本気で人に薦めたいと考えます。またそうなると、「この製品はもっとこうしたほうがいい」とか「こんな製品を作ってみるべきだ」などといったアドバイスもしてくれるようになります。日吉屋でもそんなアドバイスが役に立ったことは数知れません。日本の問屋で、こういうことはまずないでしょう。

ソサエティの中で認められる重要性

よく海外ではビジネスの人間関係がドライだなどと言われますが、私に言わせれば決してそんなことはありません。フランス人を筆頭に、ヨーロッパの人はたいてい赤の他人には警戒心を抱きがちで冷たく見えますが、いったん仲良くなり、その人のソサエティに迎え入れられれば、驚くほど親身になってくれるあたたかさがあります。とくにフランス、イタリアや中国など、歴史の古い国であればあるほど、「その人間は誰のコネクションのメンバーなのか」ということが、ビジネスにおいても非常に大きくものを言います。

たとえばヨーロッパに代理店ができ、パリで担当者と一緒に営業廻りをするようになった時のことです。こちらは時間の限られる中で、効率よくインテリアや建築関係のクライアント候補を廻りたいと思っているのに、なぜか一見関係なさそうなファッションデザイナーやアーティストといった人々との会食が目白押しなのです。異議を唱える私に、そのディストリビューターの代表はこう教えてくれました。

フランスでは、モノを売りに行くだけではだめなこと。ヨーロッパはじめ世界のトレンドを牽引していると言ってもよいのがフランスですが、そのフランスのクリエイティブシーンを牛耳っているのは、パリに集う有力者たちの小さな「サロン」であり、デザイン照明を売りたいなら、まずそこのメンバーに認められなければならないこと。彼らメンバーに「日本の日吉屋の西堀という男は私の友人で、しっかりした理念をもっていい仕事をしている」と言ってもらえれば、一気に道は開けるということ。

その言い分は実際そのとおりで、パリという小さな街では、そのサロンにコミットできれば、有名な高級ブランドの内部の人ともつながれる可能性は想像以上に高いです。現在ＴＣＩ研究所が、ルイ・ヴィトンのコレクションなどに参加してきたデザイナー、アーサー・レイトナーさんと提携しているのも、そんなつながりがつながりを呼んだ結果です。私が今実感を持って「海外販路開拓の9割は人間関係づくり」というのはそういうわけです。

ただし、ヨーロッパの人が親しくなった相手の誰彼かまわず自分の人脈を紹介するわけではありません。この人になら、と見込んだ人だけです。そのためには、自分の仕事に誇りを持ち、相手とフラットに渡り合える教養を持っていること、そして英語がペラペラでなくとも、「こいつは信頼できる」と思ってもらえる人柄のよさやユーモアが相手に伝わることが大切です。

これは私見ですが、意識してそういう付き合いをするようにしていると、だんだん勘も磨かれて、いろんな出会いが山のようにある毎日でも「今、これをこの人とやるべきだ」というのがわかるようになると思います。

現地の声を聴き、「売れる」製品のコンセプトと価格設定を追求する

突拍子もないアイデアだと思っても、やってみる

日吉屋がいかに海外の市場ニーズに耳を傾け、積極的に取り入れてきたかは、第1章ですでにお伝えしたとおりです。欧米の住環境に合わせて、よりサイズは大きく照度は暗めにした

「古都里」しかり、インダストリアルな素材でデザイン再構築をはかり、iFプロダクトデザイン賞を獲得した「MOTO」しかり、です。

以前、私はよく展示会期間中に、ホテルではなくアパートを借りて現地に滞在するようにしていました。日吉屋のように、ライフスタイル・インテリア関連の製品を取り扱っているなら、その国の一般の人が、どんな生活環境で暮らしているかを肌身で感じてみることをおすすめします。ヨーロッパのアパートはキッチンが思いのほか狭いなと気づいたり、水回りの使い方やインテリアの飾り方にお国柄を感じたり、日本とは異なる生活文化を知ることで、製品開発に活かせることがあるかもしれません。先に述べたように、現地の人と親しくなりホームパーティに招かれたりする機会があれば、それも生活文化を観察する絶好のチャンスです。

最近でこそ少なくなりましたが、以前は欧州のテーブルウェアの展示会に、漆塗りの椀が出品されているのをしばしば見かけました。しかしたとえそれがどれほどすぐれた技術を用いた高級な漆器であっても、ヨーロッパの人が日本食レストラン以外の自宅で、ご飯をお椀に盛り、手で持ち上げてお箸で食すことはほぼないという事実に、思いが至っていないのです。

さらに悪いことに、製品説明のツールは日本語のパンフレットのみ、プライスリストさえなく、納期を問われれば「輸出手続きをやったことがないから、まだよくわからない」と答えるような例にも、たびたび出くわしました。これではうまく行くはずがありません。

ですから、信頼できる現地のバイヤーといい関係を築き、できるだけヒントになる意見を集めてください。私は現在TCI研究所を通じて、海外進出をめざす中小企業の支援をしていますが、そんな中で「成功する人」に共通しているのは、与えられたアドバイスをとにかく片っ端から全部試そうとする姿勢です。

海外のバイヤーは、私たちからすると突拍子もないと思えるようなアイデアを口にすることが多々あります。それは日本人のような固定観念にとらわれていないからこそなのですが、古くから伝統を守り続けてきたメーカーの中には、そんな意見に、はなから心を閉ざしてしまうところもあります。「彼らはこの技術の価値がわからないからそんな無茶を言うのだ」とか「そんなことをするのはうちの仕事ではない」というのがその言い分です。

しかしいったん海外で製品を売りたいと決心した以上は、相手に欲しいと思ってもらえるものを作らなくては意味がありません。そして、その「欲しくなる」製品のコンセプト、価格設定などの勘どころを一番よく知っているのは、なんと言っても現地でものづくりや流通に関わる人たちです。最初から「できない」「やっても無駄だ」と思わないでトライしてみれば、必ず作り手にも学びや発見があるはずです。

ここからは、TCI研究所がサポートしたいくつかの海外進出事例の中から、現地ニーズを取り入れて思いがけない変貌を果たした「ネクスト・マーケットイン」の成功例を紹介したいと思います。TCI研究所の支援事業では、海外からアドバイザーやデザイナーを日本に招聘し、メーカーとディスカッションを重ねながら製品開発に取り組んで、そのプロトタイプを海外に出展します。海外展示会に出展する前から、すでに海外ニーズをつかんでいるという意味では、やや特殊な例ではありますが、その発想の転換ぶりは大いに参考になると思います。

事例①「塗らない漆器で、新境地を開拓」MOKU（株式会社井助商店）

井助商店は、創業以来180年以上の歴史を持つ漆商として、塗料としての漆の精製・販売を手がけてきた京都の老舗。時代の流れとともに、漆以外のさまざまな塗料を扱うようになると同時に、漆器の企画・製造・販売にも乗り出してきました。

しかし高度経済成長期以降、ライフスタイルが欧米化するにつれ、漆離れは進む一方。「もう一度漆を日常の生活シーンに取り戻したい」と模索を続けていた7代目社長・沖野俊之さんは、2012年から3年間TCI研究所の支援事業に参加しました。

しかし、沖野社長の説明を聞き、井助商店の漆器を見たフランス人アドバイザー・ザビエル・ルサージュさんのリアクションは、幾分ショッキングなものでした。「漆の技術がすごいのはわかるけれど、仕上がりがきれいすぎてプラスチックに見える」というのです。ヨーロッパの人々は、伝統的に木の素材感を愛する民族です。彼らにとっては、木地師が「ろくろ挽

MOKU（株式会社井助商店）

き」の技を駆使して作り上げる素地の方が魅力的に映ったようでした。軽く、持ちやすく、口当たりがよいように計算されつくした木の造形美は、ぜひ活かしたいということになりました。

自らのアイデンティティを覆すような「塗らない漆器」に挑むことになった井助商店は、日吉屋の「MOTO」を手がけたデザイナーみやけかずしげさんと組んで、試行錯誤を繰り返しました。その結果、できあがったのが「MOKU」シリーズ。ベースはナチュラルな木の色そのままで、スタッキングしたり入れ子状に収納した時に、ごく細い漆のラインがポイントとなって効いてくるデザインです。

これを２０１３年の「メゾン・エ・オブジェ」に出展したところ、驚くべき結果につながりました。世界の誰もが知る高級ブランドから声がかかり、そのブランドのセレクトショップ部門の取り扱い商品としてＯＥＭをやらないかと誘われたのです。出会いから数年たった今でも、取引は続いており、そのブランドの店舗には、「MOKU」と同じ木の素地の美しさを活かした器が並んでいます。

この事例は、井助商店に大きな示唆を与えたと言えます。後日、沖野社長も自己分析していましたが、えてして漆の事業者というのは、漆を塗って、蒔絵をつけて、と工程を重ねてその技を見せつけるような方向に進みがちです。しかし、そこをあえて割り切って引き算することによって、そういうナチュラルテイストを好む欧米のターゲットにアプローチでき、原価も抑えられるという利点が生まれました。しかし、その一方で、面白いことに、木の素地を活かした商品をきっかけにバイヤーとのお付き合いが始まってみると、次第に漆の良さもわかってもらえるようになり、塗りをほどこした商品も売れるようになってきたということです。一方で漆の塗りの美しさを理解する素地があるアジアのマーケットには、カラーリングとフォルムで新しさを演出したシリーズが有効だということもわかってきました。

これで手ごたえを得た井助商店では、長年培ってきた木の加工や塗りの技術に、現代デザインの力を掛け合わせたコンテンポラリーな「isuke」ブランドを立ち上げました。現在ではフランス人デザイナーが手掛けたものも含め、豊富なラインナップを展開しています。

事例②「技法を断捨離し、1点突破」＝K+（株式会社熊谷聡商店）

熊谷聡商店は、1935年の創業以来、京焼・清水焼の産地製造卸商社として、さまざまな作家や窯元とのネットワークを活かして、商品の企画開発に取り組んできた老舗です。

京焼・清水焼と言えば、多種多様な技法、テイスト、スタイルがあり、「百花繚乱」とも評されるほどです。しかし3代目社長・熊谷隆慶さんの自社紹介を聞きながら、私たちTCI研究所が感じた危惧は、その「なんでもできます」という姿勢が、海外進出する上では「個性がない」という評価につながりかねない、ということでした。

そこでフランス人アドバイザーのザビエル・ルサージュさんとデザイナーみやけかずしげさんとで意見交換し、「技法の断捨離」を行い、海外向けに売り出すスタイルを絞り込むことにしました。残ったのは「花結晶」という技法です。

これは酸化亜鉛を多く含んだ釉薬を用いて、器の表面にまるで花が咲いたような結晶の模様を描き出す技法で、焼成から冷却に至るきめ細かい温度コントロールが求められ、焼き上がりはひとつひとつ違った表情を醸し出すのが特徴です。

デザイナーとのコラボレーションが始まった初年度は、モダンな角皿をテーマにものづくりに挑みましたが、これは結果的に生産効率がとても悪いことが判明しました。通常、角皿を作るには型を必要としますが、清水焼はろくろ成型を基本としています。デザイナーのスケッチを見た窯元の現場の判断で、ろくろで丸皿を作ってからカットして角皿にする、という二度手間をかけてなんとか形にしたものの、無駄が多いわりに精度は足りない、という出来栄えになってしまいました。これはひとえに作り手とデザイナーのコミュニケーション不足です。

そこで次年度からは、ろくろで作れるものに絞ると決め、そこにヨーロッパの生活習慣を考慮した要素を加えて、デミタスカップ（エスプレッソカップ）とボウルを商品化。技法自体は、ろくろで湯呑を作るのと変わりませんが、欧米の食卓に合うシルエットに洗練させ、食器の収納スペースが少ないヨーロッパのアパートでも収納しやすいスタッキング仕様にしたことで、

=K+（株式会社熊谷聡商店）

ようやく展示会で受注が取れるようになりました。

また取引形態は、熊谷聡商店がメーカーでなく卸問屋であり、原価コントロールにも限界があることを考えると、ディストリビューターを通しての流通は、末端価格が高くなりすぎるため、リテイラーに卸す形を取りました。それによって高級感があるのに高すぎないという、こなれた価格となり、これも受注の伸びを後押ししてくれました。

技法を断捨離して、海外進出に成功した熊谷聡商店は、その後海外向けのデザイナーズシリーズを「=K+（イコールケープラス）」としてブランド化。最近では食器だけでなく、花結晶の技法を使った壁面アートパネルなど、ラグジュアリー系インテリアデコレーションの分野にもチャレンジし、ものづくりの幅を広げています。

事例③「人形から生まれたサムライアーマーバッグ」MIYAKE（京人形み彌け）

京人形み彌けは、伝統工芸士である京人形司が、手づくりのひな人形や五月人形を製作する工房です。しかしマンション暮らしの人が増えるにつれ、伝統的な節句人形は小型化し、売上は減少していました。

そこで2代目の三宅玄祥さんは、2012年からTCI研究所の支援事業に参加することを決意。しかし工房見学に伺った私とフランス人アドバイザーのザビエル・ルサージュさんは、

MIYAKE　サムライアーマーバッグ（京人形み彌け）

たくさんの人形を見せてもらいながら、内心途方に暮れてしまいました。確かに技術は素晴らしく完成されているのですが、これをどう海外に持っていけば火がつくのか、まったく見えてこないのです。

そんな時、私たちの目に留まったのは、三宅さんが五月人形の説明をするために借りてきてくれた侍の甲冑のレプリカでした。五月人形も、まさに侍の甲冑と同じように金属のプレートを紐で連結した甲冑を着ているため、人形司はその製法を熟知しているのでした。

ルサージュさんと私は、海外でも人気のある侍のイメージを打ち出せれば、人々は興味を示すだろうと考えました。しかし甲冑をそのまま売るわけにはいかないので、何かに転用しようと考え、そこで出てきたのがバッグというアイデアです。デザインはみやけかずしげさんに依頼することになりました。

初年度は、ごく薄く軽いアルミのプレートを、紐を使って甲冑と同じ技法で連結したものをバッグにしようと試みました。三宅さんは、展示会直前まで形にするのに苦労していましたが、できあがったプロトタイプは、残念ながらシルエットもぎこちなく、バッグとしての機能性・完成度は不十分なものでした。

2年目以降、その課題をクリアすべく、さまざまな紆余曲折を経て、たどり着いた解決策は、鞄メーカーと組み、土台となるレザーバッグの縫製はそちらに頼むということでした。そしてアルミのプレートは、紐で連結するのではなく、レザーに縫い付けることにし、ようやく3年目に、他のブランドバッグに肩を並べられる製品ができあがりました。

最終製品は、甲冑づくりの技法そのままを活かしたものとはなりませんでしたが、それでもバッグとしての完成度や生産効率は各段に向上しました。「サムライアーマーバッグ」というネーミングや、三宅さん自身が甲冑を着て展示会ブースに立ったことも功を奏して、3回目の海外展示会で火が付いたのです。

さまざまなメディアからも取材を受けて注目を浴びたこともあり、その後も「サムライアーマーバッグ」は売上を伸ばし、今では会社の売上の30％をバッグが占めているほどです。「人形司がバッグを作る」というパラダイムシフトを受け入れていなければ、こんなことは起こらなかったでしょう。

売れるのは、圧倒的なオリジナリティのあるもののみ

3つの成功事例を通じて、「ネクスト・マーケットイン」のものづくりとは、単にこれまで作ってきたものの色や形、構造、見た目をちょっと変えるだけのようなものには留まらないことに気づくと思います。時には、手持ちの技術・伝統をすべて洗い出した上で、それらを組み換え、新しい解釈を加えて、これまで手がけたことがないものに挑戦するぐらいの意気込みが必

要です。それでいて、ただ斬新なだけではなく、自分たちが受け継いできたルーツはしっかり守られていること。それが圧倒的なオリジナリティにつながり、海外の人の心も惹きつけるのだと思います。

伝統の世界で生きてきたメーカーや中小企業が、それだけの発想の転換を図るには、やはり「外からの視点」が不可欠です。ですから、どんどん日本の外へ出て、カルチャーギャップの中へ身を投じてほしいと思います。「ネクスト・マーケットイン」の成功事例が、日本のあちこちで同時多発的に生まれることを、私は心から楽しみにしているのです。

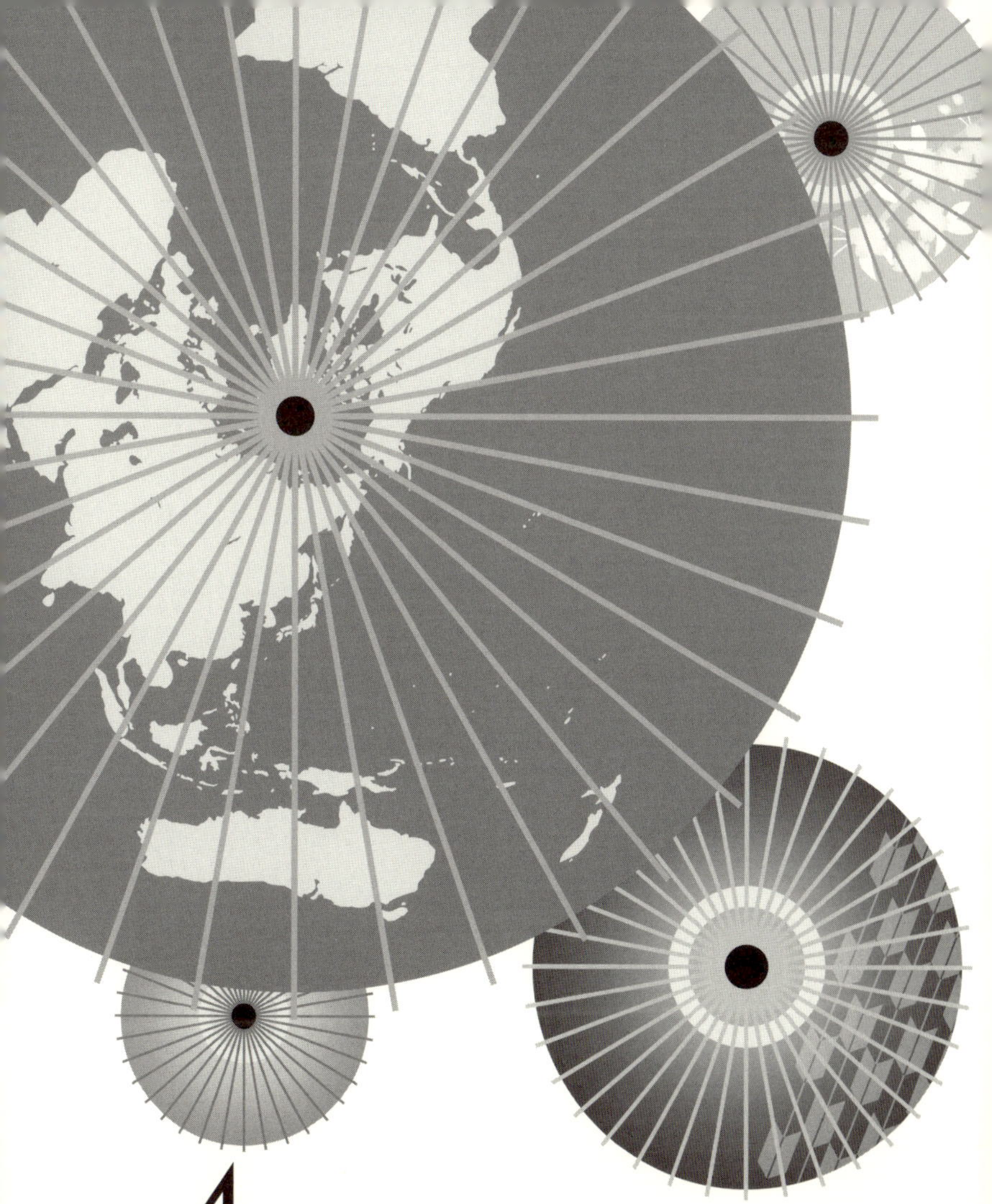

第4章 デザイナー・職人との製品づくり

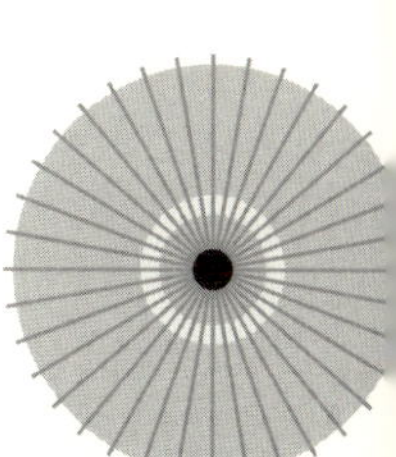

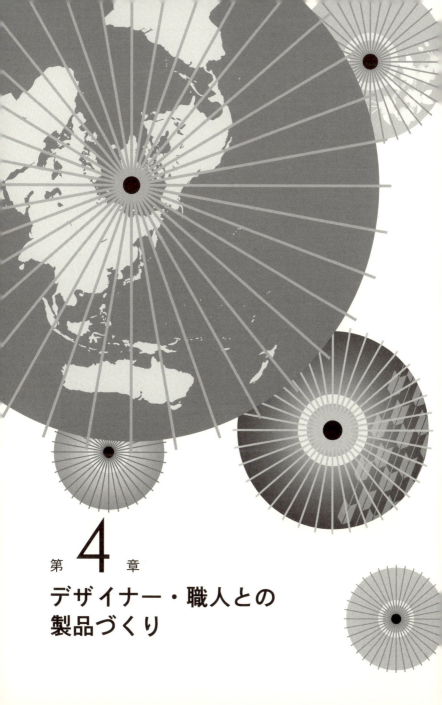

デザイナー・職人とは対等なパートナー関係で

デザイナーと出会うには

前章では、海外展示会に出て代理店・バイヤーと出会い、ターゲット市場で売れる製品を再構築するまでの流れを書きました。この章では、メーカーの思いを形にしてくれる、デザイナーや職人との仕事の進め方について、私なりの見解を述べたいと思います。おそらく、海外バイヤーや代理店と出会うより先に、デザイナーや職人との共同作業が始まるケースがほとんどだと思います。製品デザインとは、単なる見た目の色や形を整えることではなく、快適な使い心地や、所有する喜び、長く使いたくなる愛着といった、人の心深くに働きかけるための戦略です。高付加価値の製品をめざすなら、デザインを軽視することはできません。

社内にデザイナーがいるという恵まれたケースを除けば、たいていの中小企業では「こんなものを作りたいという思いはあるけれど、誰にデザインを頼めばいいのだろう」というところからのスタートだと思います。デザイナーという人種と、どこで出会えばいいのか見当がつかないという方も多いでしょう。

デザイナーと出会う方法はひとつではありません。よい製品デザインで成果を挙げているほかの企業から紹介してもらうのもひとつの手ですし、インターネットで「プロダクトデザイン」や「インダストリアルデザイン」というキーワードで検索してみれば、あなたの会社の近くで活動しているデザイナーを探し当てることができます。また、各地の産業支援センターなどでは、企業とクリエイターのマッチングをしてくれるサービスを行っているかもしれません。日吉屋のように、展示会場で出会ったデザイナーから売り込みを受けるケースもあります。

いずれにせよ、何人かデザイナー候補が見つかったら、できるだけ直接会って話をし、過去に手がけた仕事を見せてもらってください。注意すべきは、見栄えのいいプロトタイプは数多く手がけているけれど、実際に製品化されて世の中に出た事例が少ない、あるいはほとんどないという人です。製品化されなかった理由は、デザイナー側でなくメーカー側にある場合も考えられるので一概には言えませんが、デザインがコストや量産の問題をクリアできていなかった可能性は大いにあります。

コスト意識を持って、デザインできる人材を選ぶ

「より美しいもの、洗練されたもの」を志向していくのは、デザイナーなら誰しも持つ習性です。しかし前章でもお伝えしたとおり、海外で製品を販売していくためには、かなりシビアに生産コストを下げる必要があります。ですから、パートナーとなるデザイナーには、その美

的感覚と現実的な生産効率の課題を同時に解決できるようなデザイン力が求められます。たとえ美術品のように美しいものが作れたとしても、工程の手数ばかりかかって現実的なコストと量産体制に収まらないようでは、海外での販売は成り立たないでしょう。

現在、行政の補助金事業で招聘されたデザイナーが、伝統工芸の産地に入ってものづくりをするという取り組みが、全国各地で行われています。メーカー側にすれば、プロのデザイナーにデザインしてもらったら、それだけで注目され売上が増えるかのような甘い期待をしてしまうのですが、デザイナーの基本的な役割はすぐれたデザインを提供することであり、販売にまで責任を持って関与するデザイナーはそう多くありません。もちろん少数ではありますが、バイヤーとの関係が深いとか、メディアへの広報のノウハウがあるとか、販路開拓にまでしっかり関われるビジネスセンスにすぐれたデザイナーもいます。いずれにせよ、恒常的な売れ行きを望むならば、デザイナーにすべてをゆだねてしまうのではなく、売り手が主体性を持って、ものづくりに関わっていくことが重要です。

それらのことを考え合わせ、日吉屋ではデザイナーとは対等な関係でいることを重視しています。メーカー側の立場に立つ人間として、私が誤解を恐れずにあえて言うならば、たとえ超有名なデザイナーに、多額のフィーを払ってデザインしてもらったとしても、それで一時的に製品の価値は上がるかもしれませんが、メーカーのブランド価値の持続的向上にはつながらないと思うからです。加えて、デザイナーが「先生」になってしまって、こちらの言いたいことが言えない関係になってしまうのは、絶対に避けるべきだと思っています。デザインに関してはあちらがプロですが、現実の生産についてはこちらでないとわからないことが多々あります。強度や耐久性、工程数、輸送のハンドリングのよさなど、メーカー側もしっかり意見を言うべきです。

ですから日吉屋では、自分たちのブランド価値を上げて、「ここの仕事ならやってみたい」とデザイナーに思ってもらえるような立ち位置にいることを、常に意識し目指しています。デザイナーは決してお金だけで動いているわけではありません。自分の経験値が上がると同時に、社会に新しい価値が提供できると思える仕事ならば、それが何よりモチベーションにつながる方も多いのです。

デザイナーとどんな契約を結べばいいか

私がTCI研究所でコンサルティングをしていて、よく受ける質問は「製品デザイン費としていくら見積もっておけばいいのでしょうか」というものです。しかしこれには明確な答えはありません。作ろうとしている製品や、依頼する相手、さらに言えば契約形態によってもまちまちです。20万という場合もあれば200万という場合もあります。

そこで、まずいくつかの契約形態について、知っておいていただきたいと思います。製品デザインに対する費用の支払い方は、大きく分けると「買い取り」あるいは「ロイヤリティ」の2つに分けられます。買い取りとは、製品デザイン完了までの費用をあらかじめ決めておき、それをデザイナーに支払う形態です。これは、製品開発にかかるイニシャルコストとして計上され、その後、製品が大ヒットしても、その金額が増えることはありません。逆に言うと、製品の売れ行きが芳しくないとなると、投資した金額に対する見返りがなかったということになります。デザイナーにとっては、万一、なんらかの事情で製品化されなくてもデザイン費が支払われるので、リスク回避につながります。

一方の「ロイヤリティ」とは、製品の売上に対して、メーカーとデザイナーが契約で合意したパーセンテージの金額を支払うというもので、これはデザインの著作権に対する対価に当たります。この契約形態だと、メーカー側はイニシャルコストの負担がなくなり、売れなかった場合のリスク回避につながります。デザイナーにとっては、もし製品が売れなかったり、そもそも製品化されない場合には収入につながらないというリスクはありますが、一方で製品が大ヒットしたりロングセラーになったりすれば、長期間に渡って成功報酬を受け取れることになります。つまり、作った製品が売れるか売れないかという分かれ道で、デザイナーもリスクと責任を背負わざるを得ないことになります。

日本ではかつては買い取りが多かったのですが、近年は、初期費用もいくらか支払った上で、あとはロイヤリティで、というケースが増えているように思います。初期費用がゼロだと、デザイナーのモチベーションにつながらず、待たされたり、後回しにされやすいということがあるからかもしれません。

ちなみに日吉屋では、これまでずっと、初期費用なしのロイヤリティのみという形態をとってきました。これはそもそも「古都里」の開発を始めた当初、イニシャルのデザイン費を払えるような余裕など全くなかったというせいもあります。しかし「古都里」の前に手がけた試作品の失敗から、外の視点を借りなければだめだと痛感していたので、長根さんにもその条件を呑んでいただいたのです。それでも「古都里」は、発売開始から10年経った今もなお国内外で売れ続けているので、ロイヤリティもそれなりの金額になっています。ロイヤリティの支払いは、基本的に半期（6ヶ月）に1回、販売レポートをデザイナーに提出し、そこにロイヤリティのパーセンテージをかけて計算した金額を請求してもらっています。

また、デザインという知的財産に対する敬意として、日吉屋の商品にはすべてデザイナーの名を明記しています。これも「デザイナーとは対等なパートナー関係でいたい」という意志のあらわれです。

あなたの会社が、デザイナーとどのような契約形態を選ぶかは、あなたの会社の判断次第ですが、いずれにせよデザイナーと話し合い、しっかり合意した上で契約書を交わすことを忘れないでください。

デザイナーと仕事を進める上での注意点

デザインに着手する前に、まずメーカーからのオリエンテーションが必要です。デザイナーにまず工房・工場を見てもらい、ものづくりの技術や流れを知ってもらいましょう。今ある製品やブランドがなぜ生まれたのかという背景もしっかり伝えておきたいものです。そして新たに作るべき製品のコンセプトや価格ゾーンを、デザイナーとディスカッションしながら共有します。

ここで大事なのは、「何ができて、何ができないのか」「何がやりたくて、何がやりたくないのか」をメーカー側がはっきりさせることです。いつまでに完成させたいのか、コストはいくらに抑えたいのか、使える能力や設備が社内にどれだけあり、どの領域から外注が必要になるのか、前提条件を明確にしなければ、デザイナーもどの領域でデザインしていいのかわからなくなります。

もちろん、やった経験のないことを、メーカーがすべて「できない」と切り捨ててしまっては、ありきたりなことしかできませんから、可能性を探ってみる、困難なことにあえてトライしてみる、という姿勢は大事です。しかしデザイナーの言うことをなんでも「できる」と安請け合いしてしまって、後になって「やっぱりできませんでした」というようでは、信頼関係にヒビが入ってしまうでしょう。

メーカーからのオリエンテーションは1回で終わる場合もあれば、何度かデザイナーに足を運んでもらうこともあります。オリエンテーションを終えてしばらく経つと、デザイナーから初案のスケッチが上がってきますので、試作品を作り、それをもとにメーカーとデザイナーで一緒に問題点を洗い出しながらすり合わせをしていきます。難易度によっては、試作品を何度か作らなくてはいけないこともあります。

もし本書をお読みの方で、海外のデザイナーと組むことをお考えの方は、デザイン過程のやりとりに通常以上の時間がかかりますから、それなりの心づもりをしておいていただきたいと思います。TCI研究所が行っている海外進出支援事業では、海外からデザイナーを招聘し、参加企業とマッチングしていますが、そこで観察していると、ヨーロッパのデザイナーたちは、その製品の背景にある文化・歴史を理解しようとする気持ちがとても強いと感じます。たとえば、ある茶釜師（茶の湯で使う茶釜を作る職人）の技術を活かしたカップを作ったことがあります。茶の湯の成り立ちやその文化・美学を話し出せば、とても1日では終わらないほどですが、彼らはそれをしつこいぐらい聞こうとしますし、自身でもよく勉強しています。もちろん個人差もあるでしょうが、不思議と北米のデザイナーは背景はサラッと聞く程度で、あまり深くこだわらないように思います。

また海外のデザイナーはたいてい時間の感覚がゆっくりしていますから、メールの返事も打てば響くようには返ってきません。たとえ納期が迫っていても、夏のバケーションになれば1ヶ月は連絡が取れなくなるのがお約束です。日本人から見るとルーズに感じるところもあるかもしれませんが、それはあくまで文化の違いであることを理解しておきたいものです。メーカー側も、絶対に譲れない納期や条件ははっきりさせておき、相手と本音でコミュニケーションできる人間関係を築いておけば、無用な感情の行き違いは避けられると思います。

職人をモチベートし、デザイナーのアイデアを具現化する

デザイナーのアイデアから試作品を作り、完成品へと仕上げていく段階には、製造現場の職人の力が不可欠です。海外進出のために新しいものづくりにチャレンジするのだという強い意志を、普段から彼ら職人と共有していないとものごとはうまく運びません。

かつての日吉屋では、プロジェクトを推進するリーダーも、実際にものを作る職人も、私というひとりの人間でしたから、たとえ試作で苦労しようとも、自ら決断したことである以上、そこに何の迷いもありませんでした。しかし、実際にはそんなに単純にはいかないケースがほ

とんどでしょう。新規事業のプロジェクトリーダーは、デザイナーや職人といった、違う職能を持つ人をうまくまとめ、ひとつの目的に向かわせなければなりません。

とくに伝統工芸の世界は、ひとつの製品を作るにも細かく分業がなされていることが多いものです。前章で紹介した、漆の井助商店などもそうですが、木を加工する木地師と、漆を塗る塗師はそれぞれ持ち場が違います。新しいデザインに向かっていくには、それらの分業に関わるすべての職人が、同じモチベーションで動かなくてはならないのです。

デザイナーの発想は、往々にして、職人が築いてきた手慣れた仕事のやり方とぶつかることがあります。職人にしてみれば、通常の仕事をこなしながら、まだ付き合いも浅いデザイナーから、やったことのないような仕事を依頼されるわけですから、最初はいい顔をしないかもしれません。そこで職人をモチベートし、デザイナーと良好な関係を築かせるのも、プロジェクトリーダーの重要な役目です。デザイナーも、職人も、みんなでチームなのだという意識を持ってもらうことです。

もっとも避けたいのは、展示会用のサンプルだけは、職人に無理をさせてなんとか形にしたけれど、その後実際に注文を受けて納品しなければならない段階になって、「やっぱり同じクオリティのものは作れません」と言い出すケースです。職人には、実売開始後も持続的に注文を受けてその製品が作れる体制を、本気で整えてもらう必要があります。

デザインで「技術」を「感動」に変える

その①「着物の生地がフェラガモブランドのバッグに」SANJIKU（近江屋株式会社）

それでは、ＴＣＩ研究所がサポートしたいくつかの海外進出事例の中から、デザインの力で既存の技術や素材に新しい息吹を吹き込み、成功を収めた事例をいくつか紹介したいと思います。最初に登場するのは、着物の白生地卸商として１９４９年に創業して以来、「和の総合商社」として事業の幅を広げてきた、京都の近江屋です。

織りや染めを中心に、着物文化を支えるあらゆる技術が使えるのが近江屋の強みですが、その中でも新商品開発部部長の泉晃司さんが海外に向けて推していきたいと考えたのが「三軸組織」。組紐の技法を応用し、通常は縦糸と横糸で織るところ、縦糸とバイアスに斜め方向に交差する2本の織糸、計三方向の糸を交差させるように織り上げた絹織物ですが、その織機はもはや世界を見渡しても京都府内に2台しか残っていないということでした。

近江屋では、この「三軸組織」を使ったストールを、以前より自社内で企画し作っており、２０１２年のメゾン・エ・オブジェに出品してみました。反応は悪くはなかったのですが、フリンジの処理や色使いにもうひと押し工夫が必要ということになり、次年度からは、フランス

SANJIKU（近江屋株式会社）

のアクセサリーデザイナー、マリオン・ヴィダルさんと組んで製品開発を始めました。

斜めにカットされた大胆なシルエットや、洋服感覚の小粋なチェック柄で、ぐっと現代的に生まれ変わったショールは好評を博し、今も近江屋の定番商品となっています。そしてこれを機に、近江屋では「伝統的な和の素材×現代デザイン」をコンセプトとする新レーベル「OMIYA CONNECT」を立ち上げ、国境を超えて世界に発信できるものづくりに力を入れ始めました。

こうして海外で成功を収めたことは、思いがけない広がりをも呼びました。2015年にフィレンツェと京都市が姉妹都市提携50周年を迎えるに当たり、フェラガモ社が近江屋の三軸組織を使って作ったバッグやシューズ、ドレスを発表したのです。その後バッグは市場で販売もされました。これは京都市がいくつか素材をセレクトして提案した中から、フェラガモが「三軸組織」を選んだのだそうです。積極的に海外にチャレンジしてきたことで、このような副次的効果もあったというわけです。

ちなみに近江屋はメーカーではなく商社ですので、生産コストを下げるにも限界があります。近江屋の卸値では、ディストリビューターを通してヨーロッパで販売すると、かなり高額になってしまうため、現在はリテイラーに50％程度で卸すのに絞っています。デザイナーのヴィダルさんのショップで販売したのも好評だったようです。また、近年は生地をそのままファッシヨンテキスタイルとして、海外の大手ブランド等にも販売を始めています。非メーカー企業としてはこのような選択肢もありだということです。

その②「特殊印刷技術で作るランプシェード」Horatio（株式会社アポロ製作所）

東京・荒川で１９６１年に創業したアポロ製作所は、特殊ＵＶシルクスクリーン・オフセット・インクジェットを用い、メタルやアクリル、ステッカー、軟質素材などに特殊印刷加工をほどこすことを強みとしています

さまざまな特殊印刷のうち、現代表を務める白井健一さんが開発したのが、厚みのあるシルクスクリーン印刷を何度も塗り重ねる「マッスルプリント」という技術。アポロ製作所では、この技術を活かし近年はスマホカバーを多く手掛けていましたが、スマホはモデルチェンジが早く、せっかくカバーを作ってもすぐに型落ちの在庫となってしまうため、ほかの魅力ある製品を模索しているところでした。

そこでＴＣＩ研究所のサポートのもと、ドイツ人デザイナー、アクセル・ヒルデンブラントさんとタッグを組むことになりました。工場を視察したヒルデンブラントさんから出てきたのは、「布にマッスルプリントをほどこす」というアイデアでした。

「Horatio」のユニークな点は、熱に強い防炎ポリエステルの布に、20回もインクを塗り重ね

て模様を描くことで、その模様部分に厚みと強度が与えられ、まるで骨組みのような役割を果たしているところです。パッケージから平らな布を取り出し、電球ソケットに装着したとたん、立体的なハリのある美しいドレープが生まれるさまは、人々の心に驚きをもたらします。

とはいえ、布にマッスルプリントをほどこすのはアポロ製作所にとっては初めての経験でした。マッスルプリントにおいては、印刷を重ねる際にずれが生じるのは厳禁ですが、それをよれやすい布でやるのは困難を極め、普段から「できないとは言わない」をモットーとしている同社メンバーも頭を抱えたと言います。しかし職人からの発案で、布を固定する専用フレームを作り、試行錯誤を繰り返しながら完成にこぎつけました。もちろん、そこに熟練の印刷工の確かな腕があったことも見逃せません。

こうしてできた「Horatio」は、２０１６年の2月から3月にかけて、「アンビエンテ」そして「ライトアンドビルディング」というドイツの有力展示会に立て続けに出展。多くの照明・インテリア関係のバイヤーたちが初めて目にするこの画期的な製品に目を見張りました。量産体制の確立に時間がかかったため、本格的な海外販路開拓はこれからというところですが、このランプシェードは、デザインの力によって印刷の可能性を大きく広げた好例と言えるでしょう。

そして、ドイツのデザイナーとのコラボレーションを通じ、「真にすぐれた機能を追求する

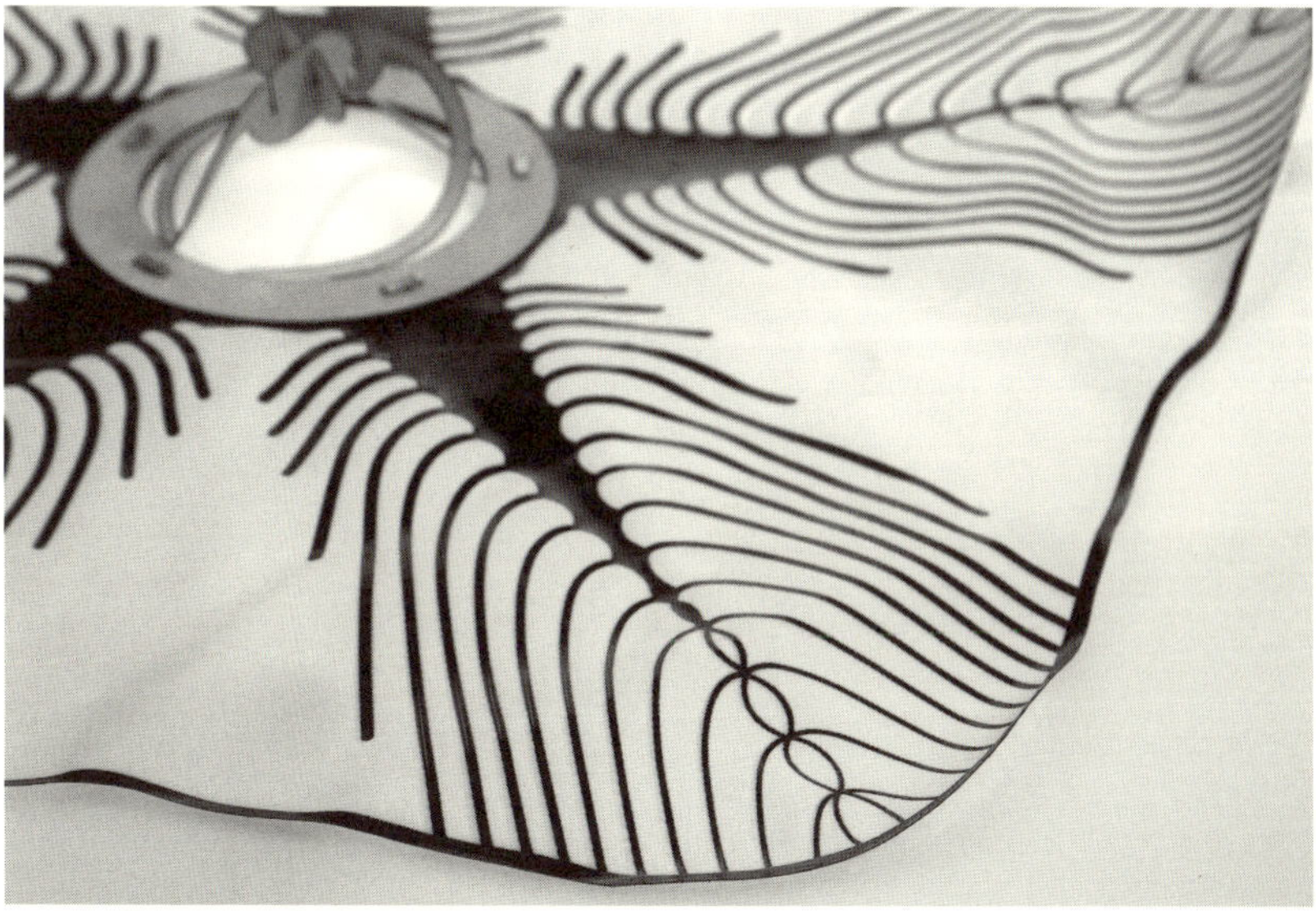

Horatio（株式会社アポロ製作所）

と、美しいフォルムに到達する」という「デザイン大国ドイツ」の発想法に触れたことは、アポロ産業にとっても大いに刺激になったようです。

その③「LEDを活かした〝現代の暖炉〟でMOMAへ」MATRIX（クロイ電機株式会社）

クロイ電機は、1952年の創業以来、照明器具や、先端的な電子回路技術を搭載した調光器、電子安定器などの製造技術を誇り、主に大手家電メーカーのOEMを手がけてきました。

しかし今後の成長戦略を考え、下請け体質を脱してオリジナル商品の開発および販売をしたいとの思いを持って、TCI研究所に相談に来られました。すでに300人以上の従業員を抱え、照明にまつわるものなら、木、ガラス、プラスチックの加工まで対応できる中で、一番の強みはLEDの制御技術です。

その強みを活かすべく、ドイツのデザイナー、ウォルフ・ワグナーさんと組んで開発したのは、意外にも照明ではなく、IoT時代にふさわしい新ジャンルのインテリアアイテムです。MATRIXと名付けられたその製品は、曲木の枠に和紙を貼ったフレームの中に、三原色のLEDランプを配したグリッドが仕込まれていて、スマホやパソコンから送られた画像や動画を映し出せるようになっています。

デザイナーのワグナーさんによれば、これは〝現代の暖炉〟とも言うべきもので、キャンド

MATRIX（クロイ電機株式会社）

ルや暖炉の火がゆらゆら揺れるのを眺めているのと同じリラクゼーション効果を狙ったということです。これは実際に使ってみるまでは真価がわかりにくいのですが、ある時京都の町家を改装した会場でカンファレンスを行った時に、照明を落とした中でこのMATRIXを灯したところ、まさに百聞は一見に如かず。その場にいた誰もが、この製品の魅力を体感することができました。世の中の映像機器が、4Kだ8Kだと解像度を上げることに躍起になっているのに逆行するかのような、荒くにじんだような映像ですが、解像度を下げることで得られる癒しも確かにあるということがよくわかったのです。

MATRIXは、単なる新製品であるということを超えて、新たな製品カテゴリーを作り、牽引していくパイオニアと言えます。そしてさらに驚くことに、この製品はMOMA（ニューヨーク近代美術館）のセレクションに選ばれ、MOMAマガジンの表紙を飾ったのです。

クロイ電機はこのMATRIXの成功により、改めてこれまでのOEMとは異なるビジネスモデルを推進するための専門部署を開設。電子デバイスを応用した、従来の照明器具とは異なる新たなジャンルの商品開発に取り組んでいます。

これまで培ったOEMでの収益モデルは、本家でしっかり継続して守り、その一方でクライアントのビジネス領域を侵さない新しいジャンルで、攻めのものづくり・新しい価値創造に挑むという、上手な棲み分けができた事例といえます。

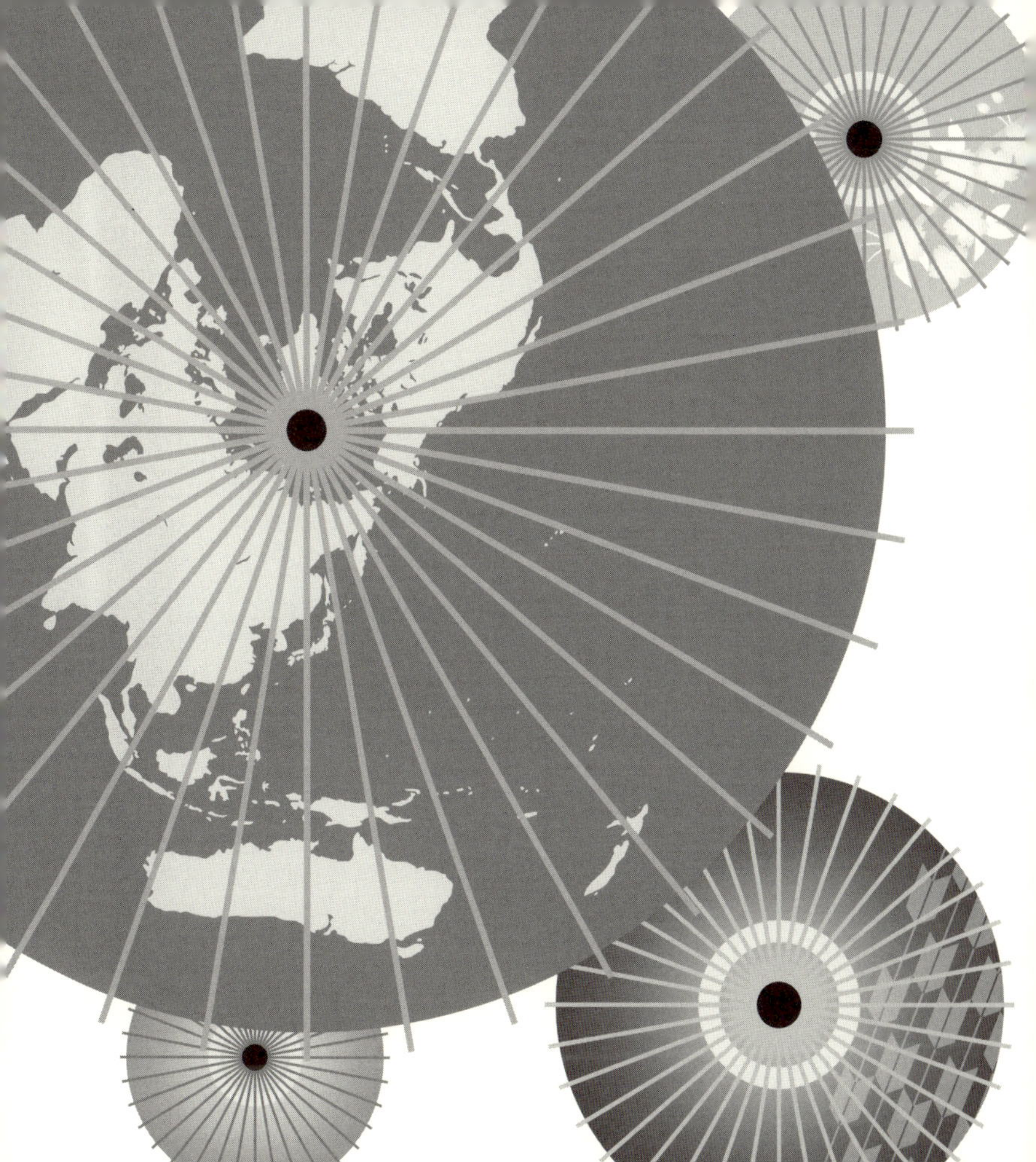

第5章
効果的な広報・ブランディングで知名度を上げる

ブランディングには、商品開発と同じ時間・労力・予算がいる

「良いものを作る努力」だけでは足りない

昨今「ブランディング」という言葉をよく耳にするようになったと思います。「ブランド」とは、あるビジョンのもとにぶれない世界観を持ち、そのブランドの製品によって与えられる機能性や安心感、豊かさ、喜びなどの価値を消費者に約束するものです。もしあなたの会社で、自社の思いを注ぎ込んで、どこにも存在しないような製品を作ったとしたら、その価値が世の中に正しく伝わるよう「旗を立てる」ことを行わなくてはなりません。

つまり、コンセプトが明確に伝わるようなネーミングやロゴ、シンボルマーク、パッケージを作り（これらを総称してＢＩ＝ブランドアイデンティティと言います）、消費者が店頭で見た時に思わず手に取りたくなるような吸引力を生み出すこと。そして自社ウェブサイトやパンフレットで情報発信をし、企業理念や歴史、ものづくりの技術など、製品の背後に隠された物語に光を当てていくこと。さらに新聞、テレビ、雑誌、ウェブメディア、ＳＮＳなどにも登場し、ブランドのメッセージを広く拡散していくことです。

この情報過多の時代において、世間の人々の目につくような「旗」を立てることができなけ

れば、その製品やブランドは、世の中に存在していないのと同じです。たとえいくら良いものを作っていたとしてもです。これから自社ブランドで国内外でビジネスを行っていこうとするならば、「良いものを作る努力」と同じだけ「良いものを作っているとわかっていただく努力」「自分たちの提供できる価値をお伝えする努力」をしなければなりません。良い製品を作るのは確かに労力もかかり大変なことですが、そればかりに神経を取られ、ブランド価値をどう育てていくのかを考えるのがおろそかになってはいけません。

そのため私たちTCI研究所では、第2章でもお伝えしたように、海外進出をめざす中小企業には、3年のロードマップをアドバイスしていますが、特に2〜3年目には、商品開発と並行して、ブランディングや広報戦略の立案・実施に取り組む計画になっています。待ちに待った実売開始と同時に、できる限りの効果的な情報発信ができるよう、準備をしておくのです。

ブランドの各種ツールデザインを誰に依頼するか

ロゴやシンボルマーク、パッケージなどのデザインは、製品デザインを担当したプロダクトデザイナーに依頼することもできますが、本来それらはグラフィックデザイナーと呼ばれる人々の専門領域となります。立体物中心のプロダクトデザイナーとは異なる職能を持つ人々です。グラフィックデザイナーは、ブランドの理念や製品の特徴、訴求したいターゲット層などを咀嚼し、ブランドの持つ世界観をどんな表現に落とし込んで伝達していくかを考えます（ブランディングのみを専門に担うプロデューサーや、アートディレクター、クリエイティブディレクターと呼ばれる職種の方々を同時に起用する場合もあります）。

グラフィックデザイナーとひと言で言っても、ロゴデザインが得意な人、冊子などのエディトリアル（編集系）デザインが得意な人、パッケージを専門としている人などさまざまです。できるだけブランディングをトータルに考え制作できるデザイナーを見つけることが大切です。もちろん、プロダクトデザイナーであっても、それらを器用にこなす人もいます。

また、パンフレットやウェブサイトも必須ですから、カメラマンやウェブデザイナー、コーダー（ウェブサイトが正しく作動するよう設定する技術者）といった人々も関わってくるでしょうし、自社でECサイトを立ち上げるなら、その道に精通したエンジニアも必要です。

これらのクリエイターとのやりとりやPRを、広告代理店を通して行うと、膨大な費用がかかってしまいます。大企業ならいざ知らず、使える予算に限りのある中小企業は、クリエイターと膝を突き合わせてコミュニケーションを取りながら、コンパクトなチームで仕事を進めていくのがいいでしょう。これから展開していきたいブランドの「ストーリー」を共有し、その伝達のスタイルをともに考えるのです。

ネーミングを決め、それをもとにロゴやパッケージをデザインするのに、少なくとも3か月はかかりますし、さらにパッケージは印刷する工程も必要です。冊子やウェブサイトに掲載したい内容を決め、最終製品やものづくりの舞台裏など必要な撮影をして制作作業をするとなると、さらにそこから3〜6ヶ月はかかるでしょう。ブランディングには、商品開発と同じ時間・労力・予算がいるというのは、そういうことなのです。

中小企業こそ、広告よりも「ストーリー」を活かした広報を

広告が効かない時代、限られた予算をどう使うか

製品の仕上げが順調に進み、ロゴやシンボルマーク、パッケージなどのデザインも揃って、いよいよ実売開始が見えてきたら、考えなければならないのは「宣伝」のことです。大手広告代理店に宣伝を依頼して、有名人を起用したCMや雑誌広告を打ったり、主要全国紙に一面広告を載せたり、大量のチラシ折込を実施したりすれば、確かに認知度は上がるかもしれませんが、あまりにも費用がかかり過ぎます。資金が続かず、短命な打ち上げ花火のようなプロモーションで終わってしまっては意味がありません。

中小企業が考えるべきは、そのような「広告」ではなく、むしろ独自の「ストーリー」を活かした「広報」です。自社ウェブサイトやパンフレットは、それら広報活動における基本ツー

ルになります。フェイスブックやインスタグラムなどSNSを使って、生活者とのつながりを作ることも有効でしょう。しかしそれだけで満足していてはいけません。自社の取り組みをプレスリリースという形でメディア各社に発信し、メディア側が「取材したい・記事にしたい」と思うようなストーリーを提供するのです。

「広告」とは消費者に対して「うちの製品はこんなに素晴らしいものなんですよ、どうぞ買ってください、利用してください」と手を変え品を変えアピールするものです。しかし情報の取捨選択にシビアになった現代人には、営利目的の「広告」は年々効きづらくなっています。

しかしメディアに取材され、記事になったとすれば、そこには企業の思惑とは別の第三者、つまり記者の視点があります。記者がいち消費者の目線に立って、その企業の製品や取り組みを観察し、「面白い」「社会的に価値がある」と感じたことを記事に書くわけですから、消費者の心に響きやすいのです。さらに、プレスリリースを作ってメディア各社に送るのにかかるコストは、たとえ配信作業を外注したとしても、広告費に比べればはるかに少額で済みます。

では、メディアに興味を示してもらえるような広報のコツとは何でしょうか。それはその企業のコアコンピタンス（強み）とコンセプトを織り込んだ、「ユニークさ（その企業、製品にしかない独自性）」を打ち出すことです。

日吉屋を例にとれば、私たちのストーリーとは「希少性」＋「歴史」＋「意外性」です。「希少性」とはつまり、「京都に1軒しかない、京和傘の製造元であること」です。そして「歴史」は、「茶道家元御用達の実績」や「5代160年の伝統」があります。加えて「意外性」としては、「現代表は婿養子で元公務員」「和傘からデザイン照明を開発」「海外デザイナーとのコラボで、海外販路開拓」などが挙げられます。実際にそれらを伝えてみれば、興味を示さないメディアはまずありません。

私がこのように広報の重要性を理解したのは、2006年の「古都里」デビューの際にプロジェクトに関わってくださった島田昭彦さんが連載をしていた『モノマガジン』のコーナーで「古都里」を紹介してくれた反響が非常に大きかったからです。また同時にそれまで和傘の取材に来てくれたことのある各メディアにプレスリリースを提供した結果、その後も驚くほど多くのメディアに取り上げていただくという経験をしました。

リリースを受け取って、取材しようという側は、事前に日吉屋のことをできるだけ調べたいというニーズがありますから、必ずウェブサイトをチェックします。そこで、メディア側から見て、いいかげんでないしっかりした情報が網羅されていることも必要だと考え、サイトも整備していました。

幸いだったのは、まだ照明を手掛ける前、和傘について取材をしてもらった時のメディアリストが100件ほどあり、「古都里」発売にあたってリリース先には困らなかったことです。折に触れて年賀状なども送っていたことも功を奏してか、「日吉屋」の存在は多くの記者やライターの記憶に残っていたようでした（余談になりますが、社長になって間もない頃、和傘の存在をメディアに売り込もうと、ギターケースに和傘を入れ、「和傘侍」として東京の出版社廻りをしたこともありました。今となっては懐かしい思い出です）。

「古都里」発売後も、日吉屋は新商品発売や展示会出展などのニュースがあるたびに、メディアにプレスリリースを送って接点を保ち続けました。私は広報戦略やプレスリリースの作り方などを専門的に学んだことは一度もありませんが、「どんな情報ならメディアに響くのか」を自分の頭で考え、手探りで実践を繰り返すことで、広報のツボを学び、ノウハウを蓄積してきたつもりです。

メディア側も、いったん「この企業は面白い取り組みをしている」という認識を持つと、その後の動きにも継続して注目してくれますので、こちらから打つプレスリリースがより響きやすくなります。つまり、記事になる率が高まるのです。もちろんそれは、メディアに興味を持ち続けてもらえるような新規性のある活動を次々行っているからこそでもあります。

メディア側にすれば、読者や視聴者が共感し、「これを知れてよかった」と思うような情報を提供することで、雑誌・新聞の売れ行きが上がったり、番組の視聴率が上がったりすること、つまり自社メディアの価値が上がることを望んでいます。メディアに取り上げられたいと思うのであれば、「業界外の人から見ても面白いか、わかりやすいか」という第三者の目線で、自社の発信するストーリーを見つめ直すことも大切です。

このように「ストーリー」を活かした広報は、持続性をもってブランドを育てていくのに欠かせないものです。

パーソナルブランディングで、歩く広告塔としての魅力を磨く

こういったストーリーづくりの一環として、ぜひ取り組んでいただきたいのは、ブランドの顔となる代表や社長、あるいはプロジェクトリーダーの「パーソナルブランディング」です。メディアに取材される時、展示会のブースに立つ時、どこか普通とは違う個性が際立つ存在になるべきです。昔から大げさに格好つけた風体や行動をすることを「かぶく（傾く）」と言いましたが、それこそブランドのアイコンとして「かぶく」ぐらいでちょうどいいのだと思います。そしてその個性が、ブランドのコンセプト・世界観とうまくリンクしていることが大事です。

日吉屋の代表である私のことを言えば、２００８年からしばらくは、海外展示会に出る時は、着物や作務衣を着て髪を後ろで束ねた「モダンサムライ」スタイルをとっていました。まだ認知度のないうちは、わかりやすく人目につく必要があると考えたからです。おかげでメディアの受けもよく、たくさんの取材を受けることができましたし、その結果、私という個人の印象

と、日吉屋のブランドイメージは強くリンクしていったと思います。

しかし、やがて海外展示会で認知度が上がるにつれ、着物はやめ、むしろダークカラーのハイネックのインナーにジャケット、パンツといった、こなれたカジュアルスタイルをまとうようになりました。トレードマークの後ろで束ねた髪型はそのままですが、昔に比べると和洋ミックスのクリエイタースタイルといったところです。つまり、伝統と革新のちょうどいいバランスへと、アップデートしていったわけです。

第2章で紹介した、西村友禅彫刻店の西村さんにも同様のアドバイスを行いました。初めの頃は、西村さんのスタイルと言えば、白いワイシャツとスラックスを着てネクタイを締め、その上に作務衣を羽織り、足元は革靴、という中途半端な服装でした。

そこで作務衣の下にはダークカラーのハイネックを着、ボトムスと靴代わりの地下足袋は、京都にあるSOUSOUという店に行って買ってくださいとお願いしました。SOUSOUは、日本伝統のテキスタイルデザインを、今風のポップなカジュアルファッションに応用しているブランドです。こうして狙いどおり、モダンな行者か忍者のような風貌を身につけた西村さんは、その素晴らしい技術と相まって、海外展示会で「レジェンド」の評判を高め、今ではヨーロッパでひっぱりだこです。

見た目の問題もそうですが、自分をプレゼンテーションする時には、わかりやすいキャッチフレーズ的な肩書も有効です。たとえば第3章で紹介した漆の井助商店の沖野さんには、「URUSHI プロデューサー」という肩書を名乗ってもらいました。まるで指揮者のように、複数の職人たちの技術を引き出してまとめ、現代のデザインの力を掛け合わせて、新しい漆器の魅力を創造する人、という意味合いです。その肩書を名乗った上で、漆を思わせる赤黒コーディネートのファッションをまとったり、漆塗りのメガネフレームやスマホケース、名刺ケースを身につけるようアドバイスし、それを実践してもらっています。こうして、ブランドと沖野さんの印象がセットになって記憶に残るのです。

情報発信において、伝統と革新の共存をうまく共存させる

今のご時世、自社ブランドや製品を作って発信していくなら、多言語対応のウェブサイトを持つことはマストです。ここで気をつけていただきたいのが、とくに伝統工芸系のメーカーが新しい事業を始めた場合に、その情報発信コンテンツが、既存の事業と混在しないようにすることです。

日吉屋で言えば、伝統的な和傘部門は、日本語表記の「京和傘 日吉屋」というブランドで、ロゴには3代目がのれんに手書きした特徴ある書体を使用しています。一方、国内外向けのデザイン照明を扱っているのは、アルファベット表記の「HIYOSHIYA contemporary」というブラ

ンドです。当社のウェブサイトでは、その2つのブランドが違いを明確に保ちながら共存していま す。つまり、「伝統」と「革新」の両輪でビジネスをしていることがわかるようになっているのです。

なぜこのような配慮が必要かと言うと、日吉屋にとっては、茶道の御家元や寺社仏閣をはじめ、伝統的な和傘の顧客は今なお多く、「伝統」を買ってくださるお客様も大切にしていきたいからです。そこで伝統をおろそかにしているかのような見え方、違和感・誤解を持たれるような見え方は避けるべきだと思っています。

既存のお客様と築いてきた信頼関係はそのまま守りつつ、それでいて新しい事業には大胆なほどギャップのある表現を取り入れるほうが、驚きを増幅でき、相乗効果が期待できます。

特定のメディアにこだわらず、重層的に露出する

先ほどもお話ししたとおり、日吉屋はこれまでさまざまなメディアに取材されてきました。テレビ、雑誌、新聞といったマスメディアの影響力は昔ほどではなくなったとはいえ、これらのメディアに紹介されることは、ブランド認知度アップのためにはまだまだ有効です。

これまで日吉屋を取材してくださったメディアの種類は、一般紙からタウン誌、女性ファッション誌、ライフスタイル誌、デザイン・カルチャー誌など幅広く、さらに雑誌だけでなく、

テレビに取り上げられることも増えました。取材内容の切り口は「京都特集」のひとネタであることもあれば、「老舗特集」もあり、インテリア・デザイン特集に登場することもあります。最近では、海外進出の成功事例としてビジネス系の新聞や雑誌に登場することもあります。そしてここ数年は、国内だけでなく欧米やアジア圏の雑誌にも取り上げられてきました。ブランドが広く社会に認知されるには、このように特定のメディアや切り口にこだわらず、重層的に露出していくことも必要だと思います。もちろん、ブランドの世界観に合わないとか、ブランドの品格を下げるような取材内容であれば、選別して断らなくてはなりません。ブランドを育てていくとはそういうことだと思います。

振り返れば、取材に応える私は、これまで何度同じ話を繰り返してきたかわかりません。取材対応はかなりの数をこなしてきたという気もしますが、それでも、日吉屋という小さな会社の思いは、まだまだ世間に広く知られているとは到底言えません。一般の生活者がメディアを通して日吉屋の情報に触れるのは、ほんの一瞬です。これからも持続的に生活者の目や耳に触れ続け、多くの人が日吉屋の名を聞けば「ああ、あの和傘の」と共通のイメージを思い描けるようになるまでには、おごらず地道に発信を積み重ねていくしかないのだと思います。

ですから100回でも1千回でも同じことを言い続けることです。言い続けなければブランドの価値は上がらないし、歴史にもなりえません。そのためには、企業のコンセプトや理念に嘘がなく、何度でも自信を持って言えることでなくてはなりません。メディアに出て自社の思いを語り続ける行為は、ブレない芯を鍛えることにもつながると思います。

コラム　前エルメスインターナショナル副社長　齋藤峰明氏との出会い

「ブランドを育てる」とはどういうことか。そのテーマについて私に大きな示唆を与えてくれた人物は、齋藤峰明さんです。齋藤さんは、高校卒業後、単身フランスに渡り、大学に通いながら「三越トラベル」のアルバイトで企画力・実行力を発揮。その後入社した「パリ三越」では、「日本の現代デザイン雑貨を紹介する店」をプロデュースするという事業にも取り組まれました。そして、その手腕に目をつけた「エルメス」から誘われ、エルメスジャポン社長を経て、エルメス本社副社長にまで上り詰めたという人物です。

齋藤さんが「パリ三越」や「エルメス」で成し遂げてきた仕事については、書籍『エスプリ思考─エルメス本社副社長、齋藤峰明が語る─』（新潮社）という本に詳しく書かれていますので、興味ある方にはぜひご一読をおすすめします。

この本を読んでもわかるように、エルメスというブランドの真髄とは、職人文化を大切にすると同時に、ただのモノではなく「美しいもの、質の高いものを暮らしに取り入れることで生まれる精神的な豊かさ」を社会に提供しようとしているところです。伝統に根ざし、流行に流されることをよしとしない一方で、ただ保守一徹になるのではなく、時代の空気をしなやかに取り入れ、自社なりに昇華させた形で提案できる稀有なブランド「エルメス」。齋藤さんは、まさにそのエスプリを体現したような紳士です。

私が齋藤さんと出会ったのは、２０１４年のパリ。齋藤さんがエルメスを退職される前年のことでした。齋藤さんの言葉で今

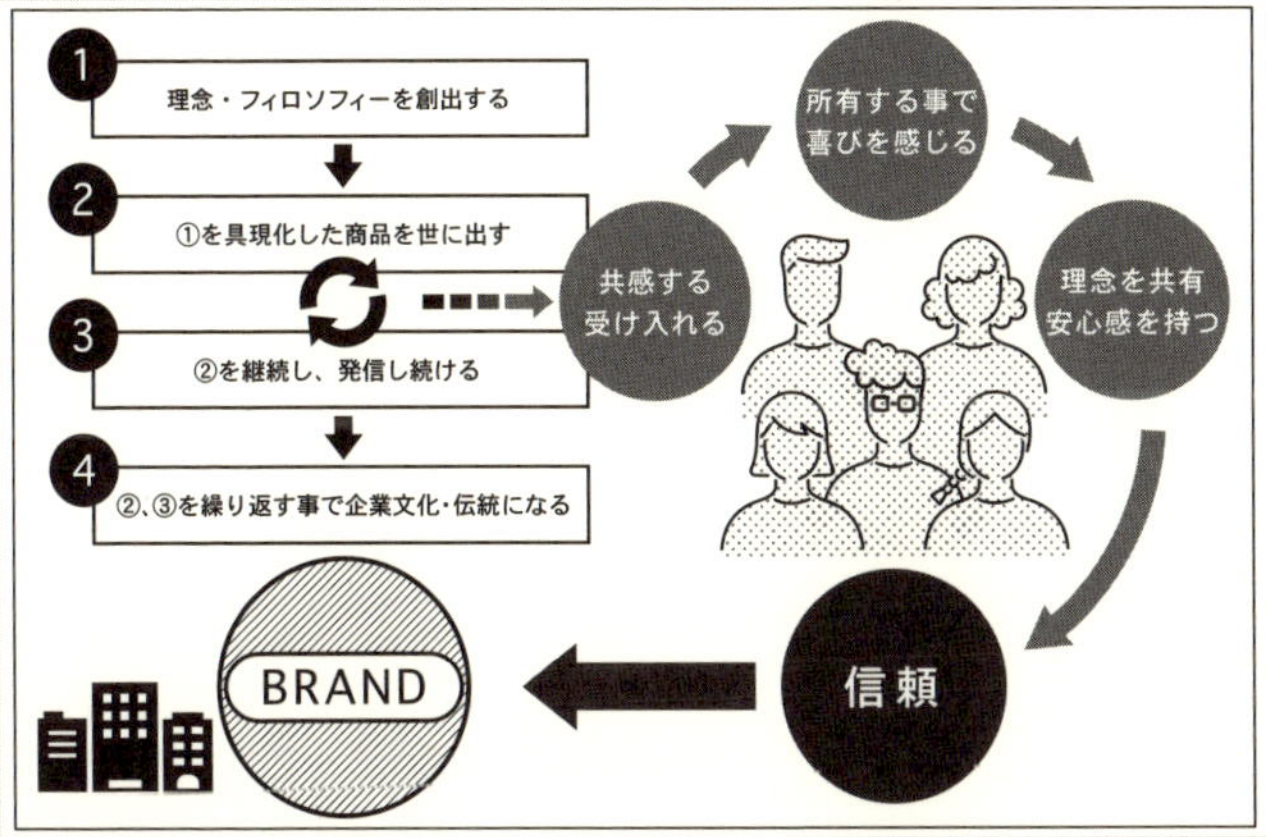

ブランドを育てる

でも忘れられないのは、「日本にはエルメスに負けない職人の仕事がたくさんある。しかし日本には本当の意味でのブランドがない」というものです。齋藤さんの考えるブランドとは、167ページの図にあるように、明確な理念・フィロソフィーを持ち、それを具現化した商品を世に出し続けることで、その活動を「企業文化」や「伝統」といった領域にまで高めていける存在だと私なりに理解しています。そこで生まれるのが生活者から寄せられる確固たる信頼。今、エルメスの名を聞けば、誰もが上質で洗練された暮らしを思い描くと思いますが、その信頼こそがブランド力なのです。

その後、エルメスを退職された齋藤さんは、日本のすぐれたものづくりを世界に発信したいとシーナリー・インターナショナルを設立されました。そしてその活動の一環として、パリのトレンド発信基地であるマレ地区に「アトリエ・ブランマント」という施設を立ち上げ、齋藤さんは総合ディレクターに就任されました。私ももうひとりのフランスの仲間とともにこの活動に設立から参加しています。

ちょうど私の中でも、海外でTCI研究所の活動を紹介し、現地の人と関わりながらファンを増やしていけるリアルな場を持ちたいという思いが大きくなっていた時期でした。リアルな場を持つことで、より自分たちのフィロソフィーが発信しやすくなり、「日本の職

アトリエ・ブランマント www.abmparis.com

人技とはこういうものです」と対面でしっかり説明することができます。そして、そこから新たなコラボレーションの生まれる可能性も増えます。日吉屋あるいはTCI研究所は、海外の代理店やバイヤーとのつながりを充実させることに心を砕いてきたフェーズから、次のフェーズへ進み始めたのだと言えます。しかしこのチャレンジも、齋藤さんとの出会いがなければ実現していなかったでしょう。

「アトリエ・ブランマント」には、定期的にテーマに応じた企画展示販売が行われるギャラリー、「日本から世界の人々の21世紀の生活シーンに提案すべき商品」をセレクトして販売するショップ、そして日本に伝わる技や素材を用いたファッションやインテリア商材がアーカイブされているショールームといった3つの機能があります。ショールームはファッションブランドや、インテリア・建築のプロとの商談の場でもあります。

アトリエという名前にしたのは、このようにただ製品を売る店ではなく、日本の職人が海外のクリエイターとコラボレーションしながら、新しいものづくりの可能性を開拓できる場にしたかったからです。日本各地で素晴らしいものづくりを行っている方々に、齋藤さん率いるこのアトリエのネットワークを活用いただき、世界で評価されるジャパンブランドをともに育てていければ、私にとってこんなにうれしいことはありません。

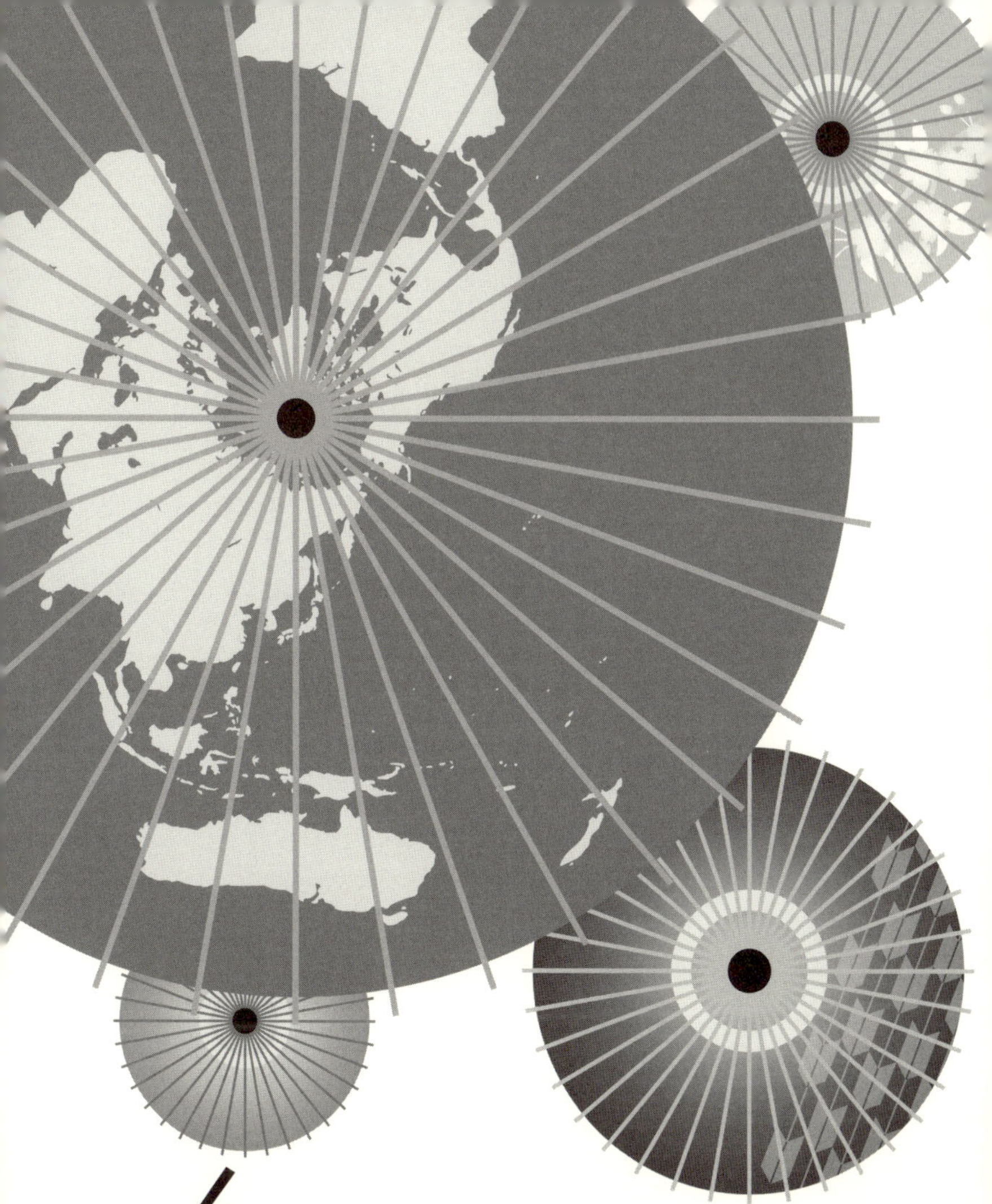

第6章
日吉屋メソッドは、どんな分野でも通用する

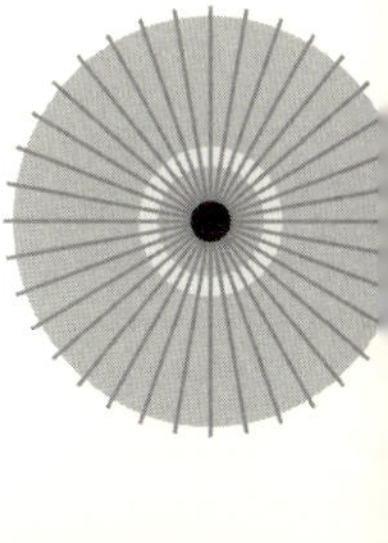

世界がどんどん近くなる中で

縮小する日本の人口、増加を続ける世界の人口

総務省の推計によれば、日本の人口は2030年には1億1662万人、その18年後の2048年に1億人を割って9913万人となり、2060年には8674万人にまで減少すると言われています。さらに生産年齢（15〜64歳）の人口は、2060年には約51％となる見込みであり、消費人口は減っていくということになります。

でも世界を見回してみれば、人口は爆発的に増えています。国連の推計によれば、1950年に25億人だった世界人口は、1987年に50億人に増え、2011年には70億人に到達。2050年には98億人になろうという、驚くばかりの増加率です。

とくに人口の伸びが著しいのは新興国で、それらの国々では、一般庶民の生活レベルはまだ先進国に及びませんが、一部の富裕層の暮らしぶりを見ると、もはや日本のお金持ちのレベルをはるかに超えるＶＩＰ層が世界中に現れ始めていることがわかります。

これらを考え合わせると、これから日本のメーカーが生き残りを図ろうとするならば、国内市場だけでなく世界を相手にしなければならないのは明らかです。さらに言うならば、世界人

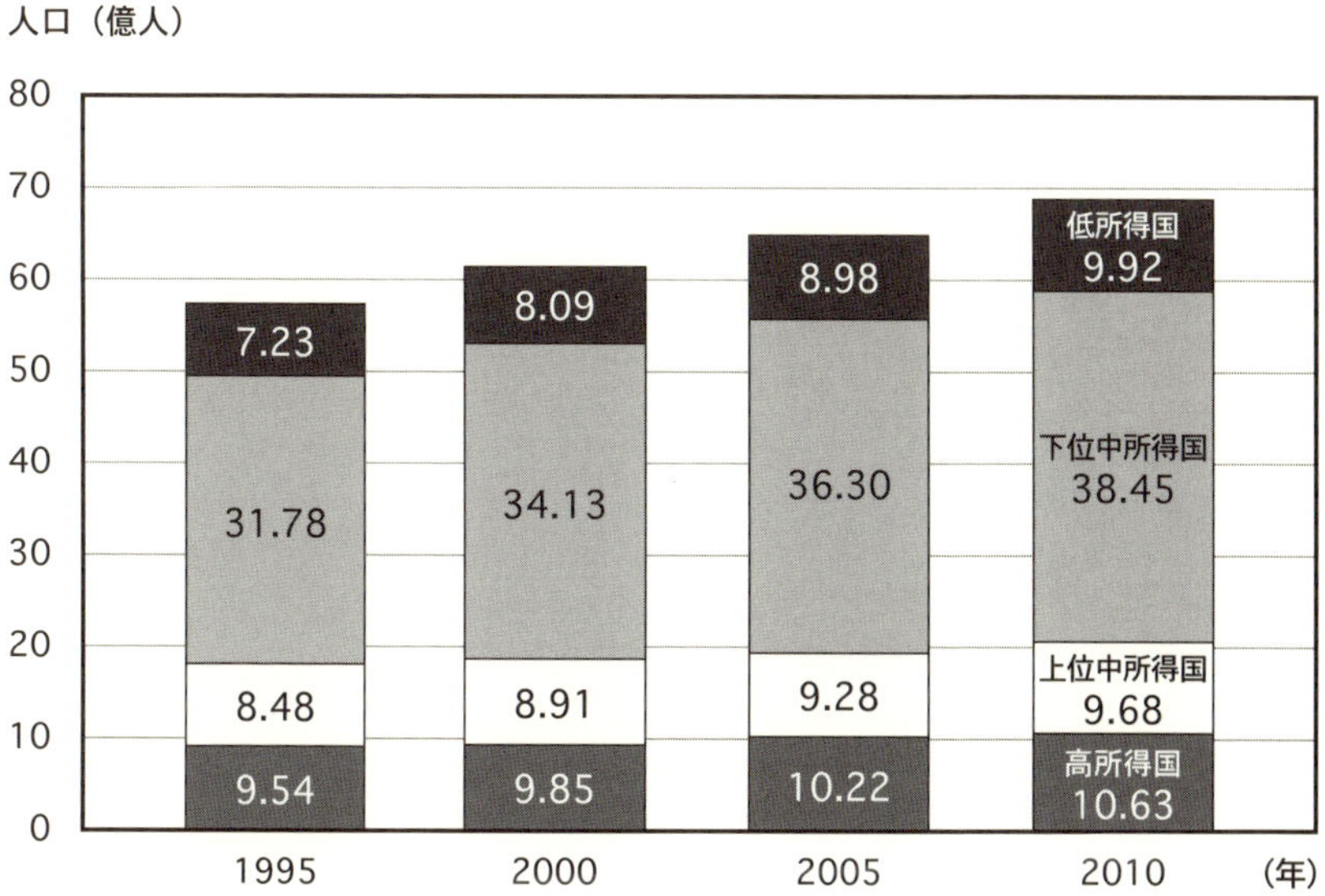

世界人口の変遷グラフ（出典：総務省「情報通信産業・サービスの動向・国際比較に関する調査研究」（平成24年）（世界銀行"World Development Indicators"により作成））

口の流動化が進む中、観光目的のインバウンドだけでなく、就労や留学などの目的のもと、長期的に日本で暮らす外国人の割合は、これからも増え続けるでしょう。ダイバーシティ（多様性）の時代になり、国内で売るものであってもグローバル発想で作るという時代が近づいているかもしれません。

２０１７年の夏休みを家族とともに北海道で過ごした私は、滞在先のホテルで働いていた従業員のうち、ざっと見たところ約半数近くが外国人だったことに驚きました。「世界」はますます、私たちの日常のごく近くに入り込んでいるのだと改めて気づかされました。

私の娘を見ていても、インターナショナルスクールに通っていることや、物心つく頃からパソコンやスマートフォンになじんできたデジタルネイティブであることなどから、すでに世界中の友人とオンラインでつながる行為がデフォルトになっています。携帯電話やパソコンさえない時代を知っている私からすると隔世の感がありますが、このような状況は先進国、新興国を問わず、世界中で進行しています。一方で日本の若い世代に目を向けてみれば、少子高齢化が進む中、内向き志向で保守化し、いまだに英語アレルギー、海外アレルギーを持つ層も多く、このままでは将来大丈夫かなと心配になってしまいます。

ＴＣＩ研究所が京都市のサポートのもと、２０１２年から取り組んできたプロジェクトのひとつに、「京都コンテンポラリー」というものがあり、これは京都の伝統産業の技術・デザイン力を活かして、現代のライフスタイルに合った生活用品やインテリア商材を開発し、フランスをはじめ海外に発信していこうというものです。このプロジェクトでは、これまでＴＣＩ研究所のネットワークを駆使して、フランス人デザイナーとのコラボレーションを推進してきたほか、２０１４年からは、京都市とパリ市の姉妹都市関係を活かして、パリ市が運営する若手クリエイターたちのインキュベーション施設「アトリエ・ド・パリ」とも提携を始めました。これによって、プロジェクトに参画してくれる優秀なクリエイターが一気に増えました。

それとほぼ同時に3年ほど前から、「京都コンテンポラリー」は、京都の大学の経営学部に在籍している外国人学生を、職人の仕事場に短期で派遣して、製品開発やプロモーションに関するアイデアをともに考えるという大学主導のプログラムにも参画を始めました。この取り組みに参加する学生の出身地は、ヨーロッパ、アジア、中東、北南米と幅広く、まさにグローバルです。現在、国を挙げて海外からの留学生を誘致しようとしていますから、優秀な人材と出会う機会は、これからますます増えるはずです。

この本を読まれた方の中には、第3章で書いたような「海外バイヤーとの関係づくり」など、まだまだ自社にはできそうもない、とあきらめモードになっている方もおられるかもしれません。けれどこれだけ海外から人が流入していることを考えると、海外の人と接点を持ち、製品作りに「外からの目」を持ち込むという意味では、昔に比べればやれることは格段に増えているのではないでしょうか。

たとえば先のＴＣＩ研究所の例のように、自治体や大学を通じて、外国人学生との協働を持ちかけてみるのも手ですし、外国人インターンを受け入れるというのもありでしょう。日吉屋でも、これまでアジアやヨーロッパの国々から、インターン生を受け入れてきました。もちろん彼らはプロのバイヤーあるいはバイイングビジネス経験者ではありませんが、自分たちのものが海外のいち消費者の目にどのように映るのかを知る上では、彼らの意見も大いにヒントになることがあります。

そしてインターン受け入れを経験したら、次のステップでは、外国人を雇用するということも考えられるでしょう。母国語と英語のバイリンガル、あるいは他の言語も使いこなすマルチリンガルな人材も多いですから、海外展示会での商談や、海外からの問い合わせ対応などがやりやすくなるかもしれません。

これまでにないスピードで、世界がどんどん近くなっている中、動き出すなら今です。これまでと同じことを繰り返すだけではなく、小さな変革のトライアル＆エラーを繰り返し、その成果を世に問い、さまざまなフィードバックを反映して精度を上げていくという、ＰＤＣＡのサイクルを回しながら、会社をアップデートし続けることです。

日本のものづくりは、世界を惹きつける力を秘めている

先に述べたとおり、「京都コンテンポラリー」というプロジェクトでは、パリ市の若手クリエイター向けインキュベーション施設「アトリエ・ド・パリ」と提携を行っています。この「アトリエ・ド・パリ」で館長を務めるフランソワーズ・セインスさんの語るところによれば、「フランス人の若手デザイナーにとって、日本の技術やスピリットに触れることは素晴らしい経験であり、技術大国とも言うべき日本で、ものづくりをすることがデザイナーたちの夢になっている」と言います。海外デザイナーたちは、初めて知る日本のものづくりに触れ、その背景にある日本人の真面目で誠実な職人気質に心を動かされているのだと思います。

第1章で述べたとおり、日本には、まだ世界に知られていない伝統の技や、世界有数のテクノロジーがたくさんあります。これまでは、それらの情報発信が国内の小さな業界内にとどまっていただけです。正確に言えば、国内でさえ周知されていない「いいもの」がまだまだ山ほどあるのです。

それは何も日吉屋のような伝統工芸の世界に限った話ではありません。近頃はＴＣＩ研究所が手がける支援事業でも、伝統産業とは趣を異にする工業製品メーカーの案件が少なくありません。私はそのような経験を通して、「日吉屋メソッドは、どんな分野でも通用する」と考えています。

たとえば２０１６年からＴＣＩ研究所が関わっている、徳島県の中小企業海外進出支援事業「Blue2@Tokushima（ブルーブルーアット徳島）」プロジェクトはユニークな例です。これは「藍と青色ＬＥＤ」というふたつの青（ブルー）をテーマに、海外デザイナーの視点を取り入れたものづくりで、徳島のメーカーが持つ技術を世界に発信しようというもの。しかし、徳島に「シリコンバレイ」ならぬ「ＬＥＤバレイ」があり、ＬＥＤ関連企業の集積地になっているという事実は、国内でも意外に知られていないのではないでしょうか。こういった「知る人ぞ知る」技術に光を当て、ストーリーを発掘し、見せ方を考えて「ブランド」にまで高めていくセルフプロデュースの努力が、今後各地の小さなメーカーにも必要になっていくと思います。

このプロジェクトがユニークなのは、地場の伝統産業系メーカーと、工業系メーカーが混在している点です。この徳島の事例に限らず、今後ローテクとハイテクの融合から、面白いものづくりが生まれてくる可能性は十分にあると思います。今後はハイテクを駆使して、機能・量産性といったスペックの面で差別化を追求していくのはむずかしくなっていくでしょうから（よほどの新技術や新発明があれば話は別ですが）、そこに人の手によるローテクな仕事で、スペックを超えた「感動」や「驚き」「豊かさ」をプラスするのは、高付加価値なものづくりのひとつの方向性になりうるでしょう。

世界の「お誂え市場」が持つ可能性

価格勝負に巻き込まれない土俵を選ぶ

昨今、アマゾンやバイドゥのような巨大B to Cプラットフォームが出現し、その越境EC市場で世界中の商品が検索でき、流通するようになっています。その一方で2010年代以降、かつての家内工業のようなスタイルで、ニッチでこだわりの強い製品を作りだしファンの共感を集めるスモールビジネスの担い手たちが、「メイカーズムーブメント」と呼ばれて注目を集めました。

日本で、クリエイター個人が作品を出品するネット上のハンドメイドマーケットが盛況であることは周知のとおりですが、その状況は世界でも同様です。人気クリエイターの中には、SNSで莫大な数のフォロワーを抱え、C to C（個人間取引）で大きな収益を上げている人もいます。今後3Dプリンターなどの出力デバイスが普及すれば、デザイナーto C（デザインデータをオンラインで購入し、自宅の出力装置で商品を出力して受け取る）を取り入れた新たな市場の出現も予想されます。

これらの事象は、人が潜在的に持っている「個性的でありたい」「自分らしくありたい」という欲求と呼応するものです。自分だけのこだわりの空間、自分好みにカスタマイズされたファッションや製品を求める気持ちに応えるビジネスモデルは、これからますます注目を浴びていくでしょう。ですから私は、昔から日本の職人が行ってきた「お誂え」は、今後ビッグな市場になりうると思っています。

実際に、日吉屋がここ数年力を入れているのが、国内外の高級ホテル・レストランなどをクライアントとする「お誂え」。つまり、すでに既製品として世に流通しているものを提供するのではなく、素材、形状、サイズに至るまで、クライアントの要望をすくい上げて作り上げるオーダーメイドの世界です。私はこのオーダーメイドの仕事を通して、直接的には見えにくい巨大市場が生まれつつあることを実感しています。

完成品であれば、インターネットで検索し、同じクオリティのものが複数あれば、価格を比較して、もっとも安いものをワンクリック決済で買うことができます。同じ商品や同等品であれば、より安いものを選択しようとするのは地域や民族、経済レベルが違っても変わらない、普遍的な行動でしょう。しかし世界中の人が、そうやって手に入る規格品・既製品だけで満足するかというとそうではないはずです。

最近では、企業レベルでなく個人レベルで、このような1点もののインテリア商材・内装材の作り手を、ネットを介して探し、コンタクトしようと試みる人も出現しています。多くは富

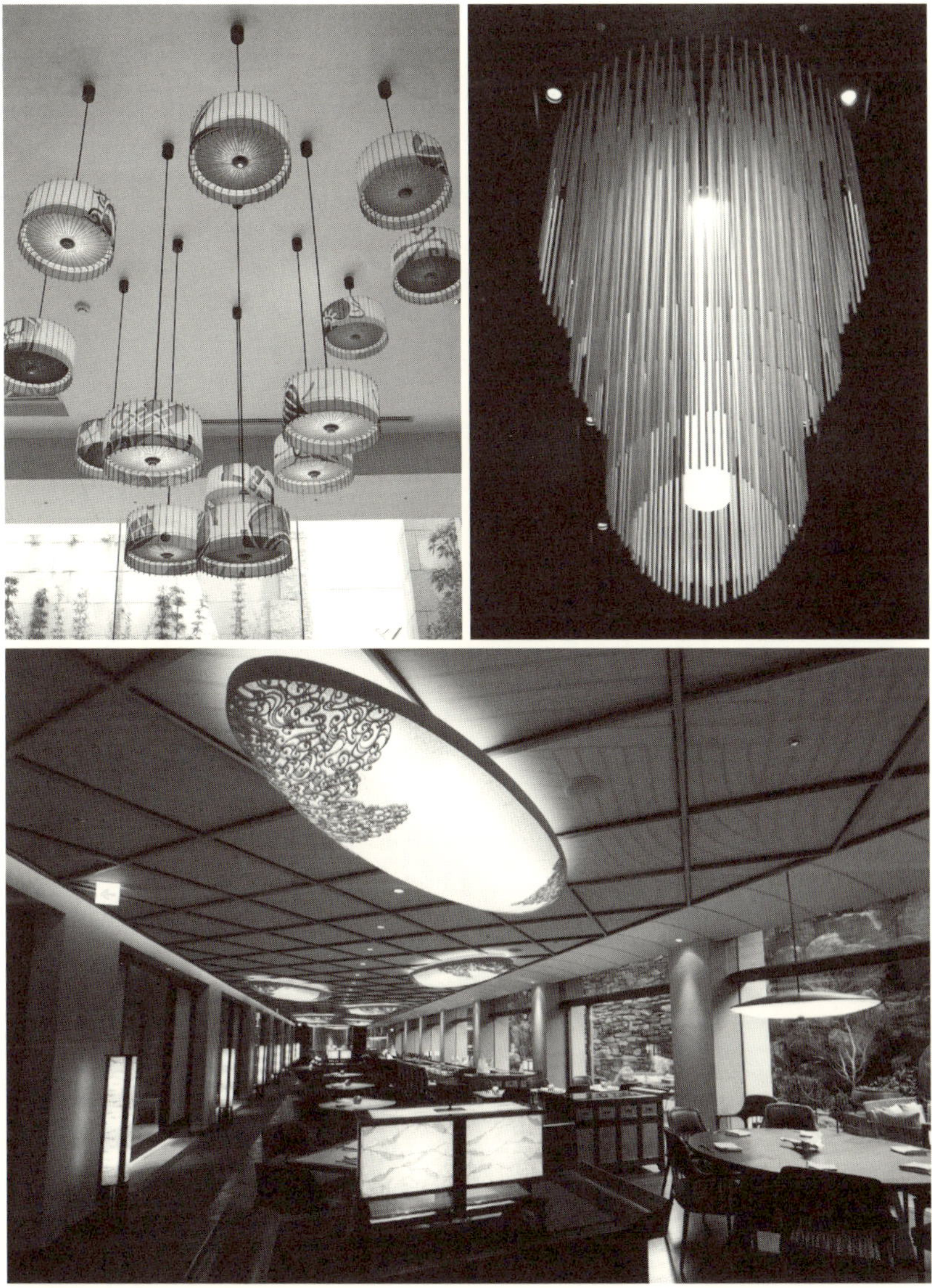

日吉屋の「お誂え」の例

裕層の顧客か、またはその依頼を受けて他にない商品を探しているその道のプロ（デザイナー）などで、日吉屋でもそういったプロからオファーを受けてたびたび「お誂え」を行ってきました。

お客様に合わせて誂えるのであれば、初めから値段を表示することは困難なため、クリックだけで済むようにシステム化されたネットショッピングには向きません。お客様の要望をお聞きし、実際にサンプルなどで色や素材感を確認していただき、製法や仕上げを提案した上で納得していただくという、やりとりが発生するからです。

このビジネスモデルなら、アマゾンやバイドゥといった巨大越境ECとは、そもそも土俵が異なるため、単なる価格競争に巻き込まれることはありません。日吉屋の海外事例で言えば、1点のシャンデリアの制作納入で1千万円あるいはそれ以上の額になったケースもあります。

一方で、自社のものづくりをいかにお客様にプレゼンテーションし、お客様とコミュニケーションを重ねるのかを考えると、インターネットなどのオンラインネットワークだけでなく、人が介在するオフライン（リアル）ネットワークも必要で、間違いなく手間ひまはかかります。

新たな可能性、素材ビジネス

では、日吉屋のように、自社で最終製品まで「お誂え」ができないメーカーはどうすればばいいでしょうか。私は「素材ビジネス」にも大きな可能性があると考えています。実際に、TCI研究所では新たな社内部門「JDLI（Japan Design Lighting & Interior）」を立ち上げ、インテリア商材を国内外向けに展開していますが、年々売上は伸びてきています。また、TCI研究所では、さまざまな支援先企業が日本の伝統や先進技術を活かして作るインテリア素材（陶板、和紙、テキスタイル、漆、木材、金箔、金属加工など）やアパレル素材（織物、染物、刺繍、生地加工技術など）を、一般消費者でなく、プロ向け業務用素材として販売しています。

第5章で触れた、パリの「アトリエ・ブランマント」は、まさにそのプロとの出会いをつなぐ場です。ここのショールームには、日本各地の小さなメーカーが手がける個性豊かなインテリア・アパレル素材がアーカイブされており、こだわりの強い施主のために目新しく魅力的なものを求める建築家やインテリアデザイナー、プロダクトデザイナーのほか、有名ファッションブランドのデザイナーなど、さまざまなプロとの商談の場になっています。

価格勝負で大量に作られるビニールクロスの壁紙なら、1㎡あたり数百円もざらにあります。しかし高級ホテルの内装に使われるものは、数千円以上、1万円以上でも驚くには値しません。ファッション業界を見ても、ファストファッションで使われる生地はメーター単価数百円ですが、オートクチュールコレクションで使われる生地は、数千円から場合によっては数万円にすらなります。もちろん数千メートル単位の量産オーダーにはなりませんが、数十メートル単位でバリエーション展開し、受注数を増やすことは可能です。そしてこの分野でこそ、作り手の思いや歴史、背景にある文化といったストーリーが重視されるのです。

世界が目をみはるような、素晴らしい技術が光る素材。ほんの少し、海外向けにアップデートを加えて洗練させれば、間違いなく欧米のクリエイターに「使いたい」と思ってもらえる素材。それらはまだまだ日本の中で眠っているはずです。私が関わる「アトリエ・ブランマント」は、そんな素材の作り手を応援する場のひとつですし、今後はそのような日本の素材を集め、改良し、海外向けに発信できるプロデューサー的存在が、どんどん現れてほしいと思っています。

人との出会いと対話が、視野を広くする

日吉屋に入社して以来、私がしてきたことは、あらゆる既成の枠を飛び出すことの繰り返しだったように思います。「和傘」という枠しかり、「伝統を守る」ということの枠しかり。まさに「よそ者」「バカ者」「若者」の三拍子が揃っていたわけです。そこからさまざまな出会いに恵まれ、視野を広げてこられたおかげで、入社当時は想像もしていなかった、「日本のものを世界で売る」ビジネスを行っています。

自社が属する業界の動向を知っておくことはもちろん大切ですが、その業界内の固定観念にばかり染まってしまうことは危険です。これからは、たとえ小さなメーカーであっても、狭い業界の常識にとらわれず、海外バイヤー・デザイナーを含めて、さまざまな異分野の人々と交流し、視野を広く持っていただきたいと思います。

長年、日本のものづくり産業は、高度に構造化することで成長を遂げてきました。伝統工芸の世界であれば、問屋という大きな力を持ったプロデューサーの下で、織り、染め、彫り、塗り、加工などの専門職人がひたすらに自らの仕事を精度高くこなすことにエネルギーを注いできました。工業の世界であれば、大メーカーの下に、下請けがあり、孫請けがあるといった構図です。その強固なヒエラルキーの中では、職人同志あるいは工場同士が横でつながることはなかなかありませんでした。

しかしこれからは、さまざまな立場の人がフラットに混じり合い、お互いの専門性を活かしながら、セッションのようにものづくりに挑んでいく時代です。

日吉屋メソッドの核とは、ブレない理念・フィロソフィーを確立したその先に、「よそ者」「バカ者」「若者」の声もあなどることなく、とにかく人の意見に耳を傾け、対話を重ねることにあります。これは昨今よく耳にする「オープンイノベーション」の考え方とも一致します。

つまり研究開発活動を、自社内にのみ閉じ込めておくのではなく、社外のさまざまな知見と連携し、新しい価値を共創しようという姿勢です。とくに今は変化が激しい時代です。意思決定が早く、小回りの利く中小企業こそ、このオープンイノベーションの手法を活かすべきです。ブレない自社の理念を持ち、いざという時の判断は自らが下すのだという主体性を失わずにいれば、望まぬ方向へ流されることはないでしょう。

ＴＣＩ研究所が行ってきた海外進出支援プロジェクトでは、業種も会社規模も異なる数社が、長期にわたってともに新規事業開拓に取り組み、すったもんだの海外展示会出展経験を共有した結果、戦友のような絆が生まれることがあります。このような仲間関係は、海外バイヤー・デザイナーとの間にも芽生え得るものです。立場や国境をも越える人の関係は、仕事だけに限らず、何にも代えがたい人生の大きな宝となります。こういった絆から、自分では気づいていなかった自社の強みや価値を発見したり、予想外のコラボレーションでものづくりが始まる可能性も大いにあると思います。

どうか変化を恐れず、オープンな対話を受け入れ、小粒でもキラリと光る中小企業をめざして、進化を続けていただきたいと思います。柔軟な発想と信念、継続する努力さえあれば、それはあなたにも必ず実現できるはずです。

おわりに

私が京都で伝統工芸品のひとつである「京和傘」の美しさに初めて出会った1997年から、早くも20年が経過しました。

そして、このわずか20年の間にも、社会では非常に多くの変化がありました。中でも最も大きな変化を一つあげるなら、やはりインターネットの爆発的な普及でしょうか。誰しもが受信者にも発信者にもなれ、電話回線ひとつで国境を超えて人や情報とつながれるというインタラクティブな世界が出現したことは、人々の思考・発想を根底から変えたといえます。

インターネットの普及にともなう通信機器の発達もまたしかりです。私が日吉屋と出会った1997年頃から、インターネットは急速に職場や家庭に浸透し始めており、マイクロソフト社によるウィンドウズ98の発売は、その流れを決定づけたといえます。しかし、当時のインターネットは、電話回線を介してパソコンからしか接続できず、通信速度も非常に遅く不安定なものでした。しかしブロードバンド化が進み、2007年にスマートフォンが登場すると、インターネットへのアクセスも一気にモバイル経由が主流となり、いまや常時ネット接続も当たり前になりました。

世の中を見回せば、コネクテッドカー（インターネットへの常時接続機能を備えたＩＴ自動車）や、自動運転車が現実のものとなりつつあります。モノのインターネット化、いわゆるＩｏＴは、これからも一般のライフスタイルに浸透していくでしょう。

距離を超えて、インターネットで世界とつながれるという状況と呼応するように、２００１年の９１１（ＮＹ同時多発テロ）に代表されるテロが世界中で発生し、戦争もハイテク化が進む一方です。リーマンショック（２００８年）やギリシャ危機（２０１０年）、難民問題などで揺れる欧米諸国だけでなく、東アジア、インド、中東、アフリカなども20年以上前と比較するとドラマティックに変貌を遂げています。いったい次の20年後にはどのような世界が待っているのでしょうか？

時代の移り変わりが加速度的に早まっているのは間違いありませんが、だからといって「昔は時代の変化が遅かった」とはいえません。例えば、織田信長が室町幕府を滅ぼした年（１５８３年）から徳川家康が江戸幕府を開いた年（１６０３年）までがちょうど20年間ですが、まさか時の権力者が織田→豊臣→徳川と目まぐるしく変わることを予想した人はいなかったでしょう。激動の時代だったのは、今に限ったことではないというわけです。

では、これからの20年を生きなければならない我々は、どのように時代の流れに対応していけばよいのでしょうか。20年先がどうなるかは誰にも分かりません。ＡＩ（人工知能）やロボットが人の仕事の大部分を担うようになっているかもしれません。

しかしひとつ確かなことは、数百万年かかって発展してきた我々人類の根幹にある情感は、簡単には失われないということです。昔の人と現代人とでは、感受性の質こそ違うかもしれませんが、動物である人が、機械やロボットのような無機質な存在になることはないはずです（反対にロボットやＡＩが感情らしきものを持つようになるかもしれません）。そして人間が、他者とは異なる自らのアイデンティティ、つまり「自分らしさ」に固執する存在である以上、誰もが効率化、低価格化、均一化したものばかりを望むはずはないでしょう。むしろ富裕層であればあるほど、「人間の手わざを感じられるもの」「作り手の顔の見えるもの」「自分のために作られたもの」など、物語性のある商品を求めるようになっていくのではないでしょうか。

私はこれからの中小企業こそ、機能性や利便性だけでははかれない感性価値の高いもの、つまり共感や感動を呼ぶ商品やサービスに活路を見いだすべきだと考えています。さまざまな業界で巨大グローバル企業による寡占化が進んでいる今、単純に機能性や利便性、低価格を追求したものづくりでは、強みを発揮することはできません。インターネットなどの利便性の高いデジタルツールを使いながら、アナログなものの感性価値をグローバルに発信していくことが、生き残る道ではないでしょうか。

私は今年43歳です。まだまだ人生道半ばですし、決して何かを成し遂げたとも思っていません。読者の中には、私の未熟さに苦笑される方もおられるかもしれません。しかし、ここに書いたことは、少なくとも私が10代の頃より紆余曲折し壁にぶつかり、多くの方に教えを乞いながら学んできたことばかりです。そして、全国のさまざまなものづくり中小企業の海外進出を支援してきた約7年分の経験から、現時点で思いつく限り皆様方に役立つと思われることを書き綴っています。

時代はこれからどんどん変化のスピードを速めていくでしょう。私たちＴＣＩ研究所も、現状に甘んじることなく、常に新たなビジネス手法を模索しながらアップデートを繰り返していかなくてはなりません。しかし、どんな手法をとるにしろ、常にその時代のお客様に共感され、選ばれる価値を創造できれば、生き残っていけるはずです。

変化を恐れてはいけません。「伝統は革新の連続」なのです。しかし、一方でこれは「革新できない伝統は存続できない」ということの裏返しでもあります。洋の東西を問わず古来より変革を恐れて時代に適合できず、消えていった故事は枚挙にいとまがありません。

「最も強い者が生き残るのではなく、最も賢い者が生き延びるのでもない。唯一生き残るのは、変化できる者である」というダーウィンの進化論は動物だけに当てはまるのではありません。変化を恐れず挑戦を続ける皆様に、本書が少しでもお役に立てるのであればこれ以上の喜びはありません。

本書を世に送り出すにあたっては、本当にたくさんの方々にお世話になりました。本書でご紹介している「ネクスト・マーケットイン」メソッドの骨子とは、目標とする国や市場で活躍するバイヤーやデザイナーと、現地目線でグローバルローカライズされた商品開発や販路開拓を行うことです。私たちがそのメソッドを用いて、現在のように全国の企業を支援するに至ったことは、元中小企業庁次長であり現OKIチーフ・イノベーション・オフィサーの横田俊之さんとの出会いを抜きにして語れません。横田さんに与えられた「3千社の海外進出支援」というスケールの大きな目標がなかったら、そもそも本書を書く以前に、TCI研究所の活動自体が、もっと小さな範囲で終わっていたかもしれません。日本企業の99・7％を占める中小企業。その中小企業支援活動の中枢で活躍されてきた横田氏との出会いが、私の視野を広げてくれました。

そしてもうひとつ、「ネクスト・マーケットイン」において大切なのが、商品の付加価値だけでなく、ブランドそのものの価値をいかに向上させるかということです。ブランドの持つ文化や思想、歴史をストーリーとして発信しつづけ、生活者の共感・信頼を得ることとの重要性。そのことを私は、世界最高峰のラグジュアリーブランドであるエルメスで、長年副社長を務められた齋藤峰明さんから学びました。エルメス退社後の齋藤さんは、日本の伝統のものづくりや職人仕事を、広く世界に発信すべく活動されており、その活動の一環である、パリ・マレ地区の「アトリエ・ブランマント」運営には、私も設立当初より参加しています。世界に誇る技術や文化を持つ非常にユニークなこの国が、今後世界の中でどう生きていくかを真剣に問い続ける齋藤さんと一緒に働けることは、私にとって大きな喜びであり、今なお多くの学びに満ちています。

横田さんや齋藤さんをはじめ、第一線で活躍する諸先輩方との出会いによって、「日吉屋メソッド」はより大きな「ネクスト・マーケットイン」メソッドへと、鍛えられ進化してきました。

そして、日吉屋やＴＣＩ研究所の活動が注目を浴び、私がメディアや講演会でお話しする機会が増える中で、次第に私は「今伝えたいこと」をテキストの形でまとめたいと思うようになりました。私のそんな思いを知り、出版社をご紹介くださったのが、独立行政法人中小企業基盤整備機構近畿本部のチーフアドバイザーである樽谷昌彦さんでした。樽谷さんは、これまで日吉屋の新商品開発や海外展開でもお世話になった方であり、本書の出版にもいろいろとご協力いただきました。

しかし、執筆に取りかかってみるまで、一冊本を出版することがこれほど労力を要するものだとは想像もしていませんでした。そんな中で、時間をかけて私の約20年分の記憶の棚卸しを手伝い、執筆のサポートをしてくださったのがライターの松本幸さんです。松本さんと引き合わせてくださった、株式会社ファイコムの代表取締役社長・浅野由裕さんにも、ここで改めて感謝の意を述べたいと思います。また、学芸出版社編集部の岩﨑健一郎さんには、本書の企画実現に尽力いただいたうえに、なかなか原稿がはかどらず1年も出版を延ばしてしまった私を、忍耐強く待っていただきました。また、文中に登場する多くの職人やものづくり企業の皆様方、デザイナー、クリエイター関係者など、多くの方々のご協力なしには本書は完成できなかったでしょう。

本書の執筆には、日吉屋、TCI研究所等関連グループのスタッフもさまざまな形で協力してくれました。元スタッフで現在はグラフィックデザイナーとして活動されている臼井千尋さんには、綺麗なイラストのほか写真のレタッチなどもお世話になりました。また、さまざまなアドバイスをくれ、挫折しかけるたびに温かく応援してくれた家族にも感謝しています。

最後になりましたが、本書を手に取りお読みくださったすべての読者の皆様方にも最大限の感謝の気持ちをお伝えしたいと思います。ありがとうございました。

西堀耕太郎

海外事業相談先一覧

全国各地に存在する海外事業関連の相談先機関を下記にご紹介します。それぞれ支援メニューは異なり、その種類も膨大な数に上り、どのサービスが自社に合うのか最初は分からないかもしれません。取りあえず困った時は、全国47都道府県全てに展開している「よろず支援拠点」を訪ねて、自社の状況や、目的、求める支援内容をご相談して、その目的に合った支援機関や支援メニュー、各種補助金やサービスを選択されれば良いかと思います。詳しくはWebで最寄りの事務所を検索の上、事前に予約してからご相談に行かれた方が良いと思います。いずれも無料で相談できますので、まずは気軽に相談することから始めるのが良いでしょう。

▽日本貿易振興機構（JETRO）
https://www.jetro.go.jp/

ジェトロは貿易・投資促進と開発途上国研究を通じ、日本の経済・社会の更なる発展に貢献することを目指す国の機関です。70ヶ所を超える海外事務所ならびに本部(東京)、大阪本部、アジア経済研究所および国内事務所をあわせ約40の国内拠点から成る国内外ネットワークを有し、農林水産物・食品の輸出や中堅・中小企業等の海外展開支援を行っています。海外事業の専門家派遣や、展示会出展の補助、又はJapan Pavilionなどの形での集合出展支援、各種海外事業関連セミナー等、幅広いメニューがあり、海外事業の相談等にも対応しています。

▽独立行政法人中小企業基盤整備機構（中小機構）
http://www.smrj.go.jp/

中小機構は、国の中小企業政策の中核的な実施機関として、起業・創業期から成長期、成熟期に至るまで、企業の成長ステージに合わせた幅広い支援メニューを提供しています。また、地域の自治体や支援機関、金融機関、教育機関、国内外の他の政府系機関と連携しながら中小企業の成長をサポートしており、経営相談から資金調達、事業承継等、非常に幅広い分野で中小企業の支援を行っています。全国10ヶ所の地方本部があり、基本は国内向けの事業が多いですが、近年は海外事業向けの支援メニューも充実してきています。

▽よろず支援拠点
http://www.smrj.go.jp/yorozu/

「よろず支援拠点」は、国が全国に設置する経営相談所です。上記の中小機構が全国本部を兼ね、地元の関係機関と連携して相談所を設置しています。全国の支援中小企業・小規模事業者の皆様の売上拡大、経営改善など、経営上のあらゆるお悩みの相談に対応します。名前の通り、何でも困ったらまず相談できる最初の窓口としては最適かもしれません。全国に幅広く窓口があるのも便利です。

▽商工会議所・商工会
https://www.jcci.or.jp/

地元の商工会議所や商工会の中には海外事業に積極的な支援を行ったり、会議所・商工会自らが事業主体となり、海外販路開拓事業や、海外展示会出展等を主催している場合があります。会員組織ですが、商工会議所法に基づいて運営されており、会員でなくても相談等は受け付けてくれます。全国に515ヶ所（2016年現在）あるそうで、ほぼどこの市町村にもあると考えられますので、一番身近な相談先かもしれません。世界各国にも設置されている大きな組織でもあり、それぞれの国の商工会議所同士が提携や交流がある場合もあります。こちらもまずは、お近くの窓口にお問合せするのが良いかと思います。

▽地元自治体

お住まいの自治体にも何らかの経済関連の政策を実施する部署があります。自治体によっては、海外事業を強力に主導している場合があります。「今治タオル」の愛媛県今治市、「有田焼」の佐賀県有田町等が有名で、刃物や金属関連商品といえば、新潟県三条市・燕市や、鋳物なら富山県高岡市、その他世界的にも有名な産地もたくさんあります。経済課、商工課、ものづくり課、国際課等、名称は様々ですが、まずは地元の自治体の窓口に問い合わせてみてはいかがでしょうか。

海外事業関連補助金等一覧

海外事業に取り組むといっても、多額の費用がかかりそう…そのような心配をされる方も多いと思います。もちろん何かを成し遂げる際には、一定の投資リスクはつきもので、何もせずに結果だけを求めることはできません。しかし、そのリスクを最小化する方法はあり、そのひとつが海外事業向けの補助金があります。

海外展示会等で各国の出展者と話をしていると、「日本にはそんなに民間企業向けの補助金があるのか。何て恵まれた国なんだ。自分の国なんか、そのような補助金はほとんどないぞ。うらやましい」と言われることがよくあります。

実際は、日本だけでなく、中国や韓国、その他の国からもパビリオン方式で海外展示会に集合展示をしている例も見ますので、日本だけにこのような支援メニューがあるわけではないのですが、それでも専門家起用から、商品開発、販路開拓、広報展開など、ありとあらゆる分野に重厚な補助金が充実している点で日本はダントツで恵まれていると感じます。

以下に私自身が活用させて頂いた補助金の情報の一例をご紹介しますので、自社の内容に合うか検討し、受付窓口に相談に行かれることをお勧めします。

ただし、日本の行政機関は4月から事業年度が始まり、3月末に終了することや、国会や各地方議会の予算承認スケジュール等の関係で、ほぼ毎年2月〜4月ぐらいに申請期間が集中しています。募集期間も2〜4週間弱しかないことが多く、気が付けば申請期間が終了していたとなることも多いので、これらの情報を常に得られるよう注意しておく必要があります。どの補助金が自社に合うのか分からなければ（実際補助金も多すぎて分かりにくいものが多いです）、お近くの支援拠点にご相談するのが早道かと思います。

経済産業省（中小企業庁）が運営するミラサポというサイトや、中小機構の運営するJ-net21というポータルから多くの補助金の検索ができますので、まずはこちらで目的やお住まいの地域で検索すると、求める補助金が見つかりやすいと思います。

○ミラサポ

https://www.mirasapo.jp/subsidy/index.html

○J-net21

http://j-net21.smrj.go.jp/index.html

▽地域資源補助金

地域資源活用事業とは、地域の中小企業者が共通して活用することができ、当該地域に特徴的なものとして認識されている地域産業資源（農林水産物、生産技術、観光資源）を活用して、中小企業者が商品の開発・生産、役務の提供、需要の開拓等の事業を行うことをいいます。中小企業者等が単独又は共同で、地域資源を活用して新商品・新サービスの開発・市場化を行う「地域資源活用事業計画」を作成し、その内容について国から認定を受けると、法的措置や予算措置、金融措置など各種支援措置が準備されています。まずは上記計画の認定↓補助金と2段階構成になっており、申請書もかなりボリュームがありますが、商品開発、専門家起用（デザイナーやアドバイザー等）、販路開拓、国内外の展示会出展等幅広く使うことができ、補助率も総額の2分の1又は3分の2となっています。

3～5年間の長期支援を想定しています（補助金申請3年程度までで毎年申請が必要。長期間の支援が約束されているわけではない）。ただし、自社の生産する商品やサービスが「地域産業資源」に認定されている必要があります。全国に8局ある経済産業省の地域経済局のサイトに多くの情報が掲載されています。

http://www.meti.go.jp/intro/data/a240001j.html

▽ＪＡＰＡＮ ＢＲＡＮＤ補助金

http://www.chusho.meti.go.jp/shogyo/chiiki/japan_brand/

中小企業の新たな海外販路の開拓につなげるため、複数の中小企業が連携し、自らの持つ素材や技術等の強みを踏まえた戦略の策定支援を行うとともに、それに基づいて行う商品の開発や海外展示会出展等の取組に対する支援を実施します。商工会、商工会議所、組合、ＮＰＯ法人、中小企業者（4者以上）等が対象の海外事業向け補助金です。毎年1回公募され、倍率も高いですが、地域の産品や技術の魅力をさらに高め、世界に通用するブランド力の確立を目指す取組に要する経費の一部を補助して、海外向け商品開発や専門家（デザイナーやアドバイザー等）起用、販路開拓、海外展示会出展等幅広く使うことができ、補助率も総額の3分の2と高率です。ただし、4社以上の企業連合を組んでの申請になりますので、参加企業間の信頼関係や協力関係が必須です。０年度と呼ばれる調査期間（補助率１００％）を経て1年度～3年度の事業期間を想定した4ヶ年の支援制度です（毎年補助金申請は必要）。

▽伝統的工芸品産業支援補助金

約２３０の経済産業省が認定する伝統的工芸品産業(http://kougeihin.jp/association/legal/)が対象の補助金です。ご自身の会社がこれらの伝統的な工芸品を製造しているのであれば、是非検討した方が良い非常に有利な補助金です。まずは、通年で受け付けている計画認定（複数種類あるのでお問合せ下さい）を受けた後、補助金の申請という2段階の仕組みになっています。３ヶ年の長期支援を想定した制度で、商品開発、専門家起用（デザイナーやアドバイザー等）、販路開拓、国内外の展示会出展等幅広く使うことができ、補助率も総額の３分の２と高率です。

上記の方法はいずれも２０１８年2月現在のもので、今後政策の変更等で変わる可能性があります。またご紹介した補助金以外にも、たくさんの種類の補助金制度がありますので、まずは最寄りの相談窓口に詳細をお問合せ下さい。

西堀耕太郎（にしぼりこうたろう）　伝統工芸「京和傘」日吉屋　五代目当主

1974年、和歌山県新宮市生まれ。唯一の京和傘製造元「日吉屋」五代目。


カナダ留学後市役所で通訳をするも、結婚後妻の実家「日吉屋」で京和傘の魅力に目覚め、脱・公務員、職人の道へ。2004年五代目就任。「伝統は革新の連続である」を企業理念に掲げ、伝統的和傘の継承のみならず、和傘の技術、構造を活かした新商品を積極的に開拓中。グローバル・老舗ベンチャー企業を目指す。

国内外のデザイナー、アーティスト、建築家達とのコラボレーション商品の開発にも取り組んでおり、2008年より海外展示会に積極的に出展。和風照明「古都里 −KOTORI−」シリーズを中心に海外輸出を始める。現在約15カ国に展開中。

素材にスチール＋ABSを採用した可変照明「MOTO」にて国際的評価の高いiF Product Design Awardを2011年に受賞。ブライダルデザイナーとのコラボ「Wagasaドレス」での2011パリコレ出品や、茶道家、建築家とのコラボ「傘庵」等、ジャンルを限定する事なく活動の幅を広げる。

2012年、日吉屋で培った経験とネットワークを活かして、日本の伝統工芸や中小企業の海外向け商品開発や販路開拓を支援するT.C.I. Laboratory（現：株式会社TCI研究所）を設立し、代表に就任。延べ約100社以上の企業の海外展開を支援。

2015年、志を同じくする日仏の企業と共同で、株式会社ブランマントを設立し、パリ市内マレ地区に、約180m²のショップ兼ショールーム「アトリエ・ブランマント（Atelier Blancs Manteaux）」をオープン。日本の優れた商品や商材のプロモーションや販売を行い、海外デザイナーとの共同商品開発等も手掛ける。

〈国内デザイン賞〉
- グッドデザイン賞 中小企業庁長官賞（2007）
- Japan Shop System Award （2006、2008）
- 新日本様式100選（2007）
- グッドデザイン賞（2010）、JCDプロダクト・オブ・ザ・イヤー　グランプリ
- 関西デザイン選（2010、2011）他多数

〈海外デザイン賞〉
- FORM #（ドイツ　デザイン賞　2008）
- iF Product design award（ドイツ デザイン賞 2011）

〈海外展示会出展〉
- Maison & Objet（フランス・パリ）
- Ambiente（ドイツ・フランクフルト）
- Tendence（ドイツ・フランクフルト）
- ICFF（アメリカ・ニューヨーク）
- 100% Design Shanghai （中国・上海）
- ミラノ・サローネ（イタリア・ミラノ）
- Light + Building（ドイツ・フランクフルト）

株式会社 日吉屋　www.wagasa.com
株式会社 TCI 研究所　www.tci-lab.com
株式会社 ブランマント　www.abmparis.com
Facebook　www.facebook.com/kotaro.nishibori

伝統の技を世界で売る方法
ローカル企業のグローバル・ニッチ戦略

2018年5月1日　第1版第1刷発行

著　　者………西堀耕太郎
発 行 者………前田裕資
発 行 所………株式会社 学芸出版社
京都市下京区木津屋橋通西洞院東入
電話 075-343-0811　〒600-8216
http://www.gakugei-pub.jp/
E-mail info@gakugei-pub.jp
編集協力………松本幸
装　　丁………上野かおる
印　　刷………イチダ写真製版
製　　本………山崎紙工

ISBN978-4-7615-2676-4　Printed in Japan